Berichtigungszettel

S. 40.
Abb. 34 muß um 180° gedreht werden

Meebold, Drahtseile, 3. Aufl.

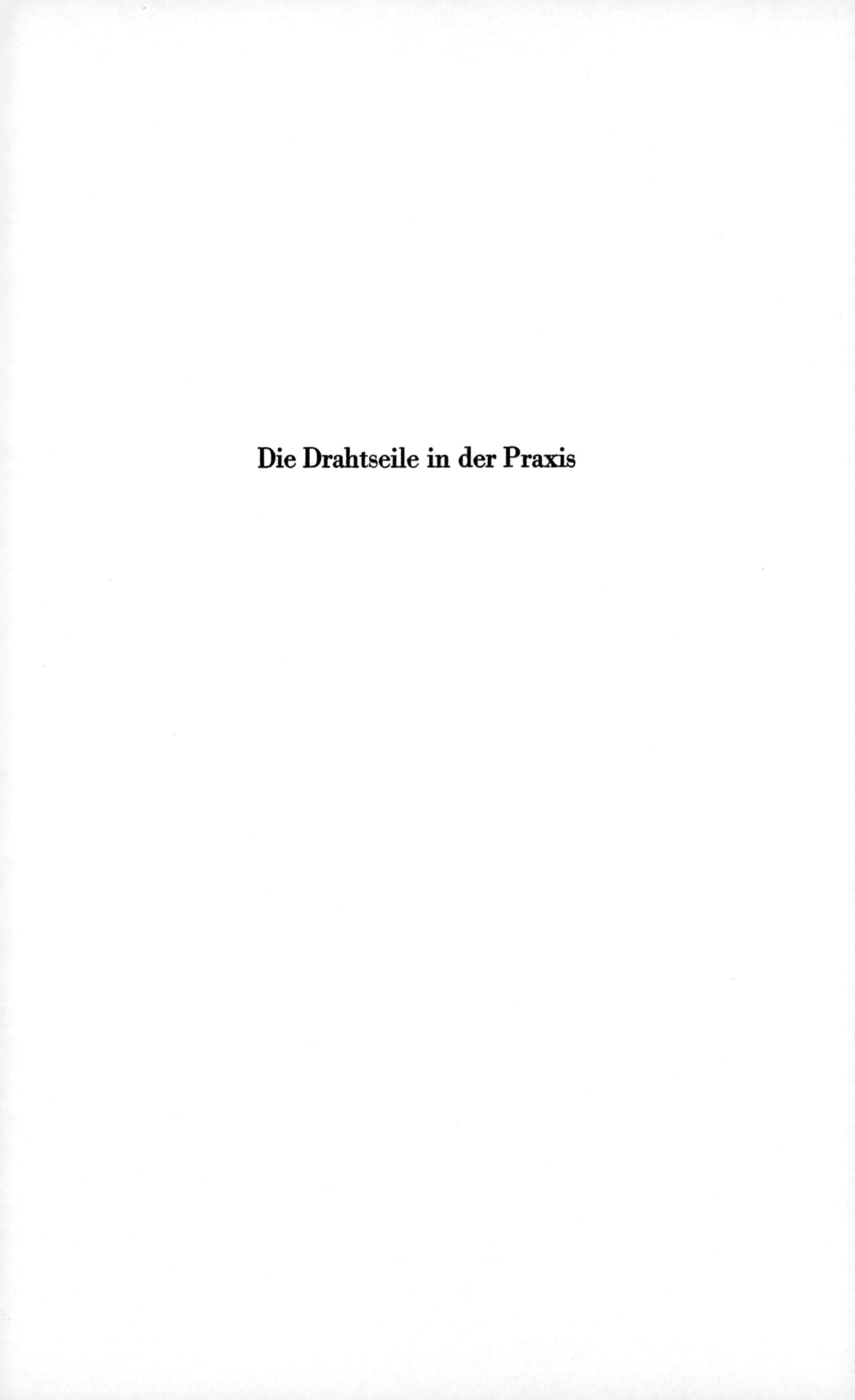

Die Drahtseile in der Praxis

Die Drahtseile
in der Praxis

Von

Dr.-Ing. Richard Meebold
Leiter der Technischen Überwachungsstelle bei den Saarbergwerken
Saarbrücken

Dritte neubearbeitete Auflage

Mit 127 Abbildungen

Springer-Verlag
Berlin / Göttingen / Heidelberg
1959

ISBN-13: 978-3-540-02444-6 e-ISBN-13: 978-3-642-92763-8
DOI: 10.1007/978-3-642-92763-8

Vorwort zur dritten Auflage

Weniger als auf manchen anderen Gebieten der Technik ist auf dem Gebiet der Drahtseile eine sprunghafte Entwicklung zu erwarten. Fortschritte werden vielmehr fast ausschließlich durch die laufende Auswertung von Betriebserfahrungen und Versuchsergebnissen erzielt, denen sich wieder theoretisch-wissenschaftliche Überlegungen anschließen. So weist auch die dritte Auflage dieses Buches gegenüber der zweiten, völlig neu bearbeiteten, entsprechend der verhältnismäßig kurzen Zwischenzeit, keine grundlegenden Änderungen auf. Immerhin machte eine ganze Anzahl Ergänzungen und Korrekturen früher vertretener Ansichten, die sich aus einer mühsamen, von verschiedenen Stellen geleisteten Kleinarbeit ergaben, eine Neubearbeitung nötig.

Auch im Literaturverzeichnis wurden Änderungen vorgenommen. Vor allem erschien es zweckvoll, die Anordnung alphabetisch nach den Autoren zu wählen.

Ich möchte wünschen, daß sich die gute Aufnahme der beiden ersten Auflagen auch auf die vorliegende überträgt.

Saarbrücken, Mai 1959. **R. Meebold**

Vorwort zur ersten Auflage

Bei Durchsicht der verhältnismäßig umfangreichen Literatur über Drahtseile fällt auf, daß wohl wissenschaftliche Werke und Abhandlungen in größerer Zahl vorhanden sind, daß aber ein in sich abgeschlossenes Werk fehlt, das den Verbraucher der Seile über das für ihn Wichtigste auf diesem Gebiet unterrichtet. Die vorliegende Arbeit soll diese Lücke ausfüllen. Auf Grund meiner Tätigkeit glaube ich die Bedürfnisse des Verbrauchers zu kennen. Ich bin deshalb auf die Herstellung der Seile und die Theorie nur so weit eingegangen, als dies zu einem Verstehen des Gebietes nötig erschien. Ebenso habe ich mich nur auf die notwendigsten Literaturhinweise beschränkt. Hauptsächlicher Wert wurde vielmehr auf die Seilmacharten und ihre Eignung für die verschiedenen Betriebsarten sowie auf die Behandlung und Beurteilung der Seile im Betrieb gelegt.

Die Abbildungen wurden zum größten Teil in der Seilprüfstelle der Saargruben-Aktiengesellschaft hergestellt. Mehrere Abbildungen von Seilschäden wurden mir von der Seilprüfstelle der Westfälischen Berggewerkschaftskasse in Bochum zur Verfügung gestellt, deren Leiter, Herrn Dr.-Ing. H. Herbst, ich für sein Entgegenkommen bestens danke. Weiter habe ich zu danken den Firmen Draht- und Drahtseilfabrik Georg Heckel in Saarbrücken, Westfälische Drahtindustrie in Hamm, Heuer-Hammer in Grüne, Kreis Iserlohn, Westfalia-Dinnendahl-Gröppel AG. in Bochum, Demag in Duisburg, Ingenieurbüro Georg Schönfeld in Berlin und Gutehoffnungshütte Werk Sterkrade, die mir freundlicherweise Abbildungen oder Musterstücke zur Verfügung gestellt haben.

Saarbrücken, September 1938 **R. Meebold**

Inhaltsverzeichnis

Inhaltsverzeichnis

I. Aufbau der Seile

1. Die hauptsächlichen Verwendungsgebiete der Drahtseile und ihre Einteilung nach der Art der Seilbeanspruchung

So vielseitig wie die Anwendung der Drahtseile ist die Art ihrer Beanspruchung im Betrieb. Alle Seile unterliegen einer kleineren oder größeren Beanspruchung auf *Zug*. Ebenso deutlich tritt bei bestimmten Verwendungsgebieten eine Beanspruchung durch *Biegung* in Erscheinung. Weniger fallen dagegen Beanspruchungen durch *Längs-* und *Querschwingungen*, die ja letzten Endes ebenfalls Zug- und Biegebeanspruchungen darstellen, sowie solche durch *Verdrehung* und *seitlichen Druck* ins Auge. Wie die einzelnen Drähte durch die auf das Seil wirkenden Kräfte beansprucht werden, ist bis heute trotz zahlreicher wissenschaftlicher Arbeiten auf diesem Gebiet noch nicht einwandfrei erforscht. Die Schwierigkeit liegt hauptsächlich darin, daß stets mehrere der genannten Beanspruchungsarten zusammenkommen und sich überdecken. So ist es zu erklären, daß man sich wohl in keinem Fall ein vollkommen klares Bild von der Art der *Beanspruchung eines Drahtes im Seil* machen kann.

Nach den hauptsächlichen ins Auge fallenden Beanspruchungsarten, die auch entscheidenden Einfluß auf die Auswahl der Seilmachart haben, lassen sich jedoch die Seile aller Verwendungsgebiete in *zwei große Gruppen* einteilen. Man kann unterscheiden:

1. Seile, die im Betrieb über Trommeln, Scheiben oder Rollen gebogen werden, und bei denen außer der reinen Zugbeanspruchung die durch Biegung hervorgerufenen Beanspruchungen eine wesentliche Rolle spielen.
2. Seile, an denen teils ruhende, teils bewegliche Lasten hängen oder auch nur geführt werden, und bei denen die Beanspruchungen durch Biegung, wenn solche überhaupt auftreten, eine untergeordnetere Rolle spielen.

Zu der *ersten* Gruppe gehören die meisten im *Bergbau* verwendeten Seile, insbesondere

Schachtförderseile,
Seile von Schrägaufzügen und Bremsbergen,
Streckenförderseile,
Zugseile für Schrapper, Schrämmaschinen und Kohlenhobel.

Auch die zum Ausgleich des Oberseilgewichts bei Schachtförderungen dienenden

Unterseile, mitunter auch Ballastseile genannt,

sowie die beim Schachtabteufen verwendeten

Schwebebühnenseile,
Pumpenhängeseile und
Greiferseile

müssen dazu gerechnet werden.

Ein weiteres großes Gebiet ist das der

Kranseile,
Aufzugseile,
Zug- und Gegenseile von Seilbahnen,
Trag-Zugseile von Einseilbahnen,
Seile für Hubbrücken und Schleusenhubtore,
Seile für Schiffshebewerke.

Ferner sind noch zu erwähnen

Zugseile für Seilpflüge,
Baggerseile,
Seile für Tiefbohrungen,
Transmissionsseile,
Rangierseile im Eisenbahnbetrieb,
Signalseile,
Schiffsseile,
Steuerseile für Luftfahrzeuge,
Spannseile für Trag- und Zugseile von Seilschwebebahnen.

Zu der *zweiten* Gruppe gehören vor allem die Tragseile von

Seilschwebebahnen,
Kabelbaggern,
Kabelkranen.

Weiter gehören dazu die

Tragseile von Hängebrücken,
Führungsseile für Aufzüge und Schachtförderungen,
Führungsseile für Fähren,
Hängeseile von Schwebefähren,
Verspannseile.

In den folgenden Abschnitten des ersten Teils sollen die Gesichtspunkte besprochen werden, die bei der Auswahl der Seilmachart für die verschiedenen Verwendungsgebiete zu beachten sind. Die Einteilung nach den erwähnten beiden Hauptgruppen ist auch hier beibehalten.

2. Auswahl der Seilart

Bei der Überlegung, welche Seilmacharten für einen bestimmten Verwendungszweck in Frage kommen, muß man sich zunächst darüber klarwerden, welche *Seilart* am geeignetsten ist, wobei unter Seilart die grundsätzliche Machart und die Schlagart verstanden werden.

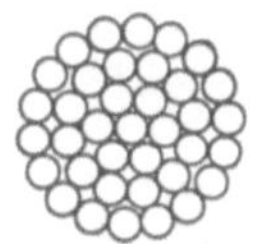

Abb. 1. Einfach geschlagenes Seil (Spiralseil)

Abb. 2. Zweifach geschlagenes Seil (Litzenseil)

Abb. 3. Dreifach geschlagenes Seil (Kabelschlagseil)

Als erster Punkt ist zu entscheiden, ob ein *Rundseil* oder ein *Flachseil* verwendet werden soll.

In den weitaus meisten Fällen werden Rundseile verwendet, unter denen wiederum *einfach*, *zweifach* und *dreifach* geschlagene Seile zu unterscheiden sind. Die drei Schlagarten sind in den Abb. 1 bis 3 in Ansicht und Querschnitt dargestellt. Die Anzahl der Drähte und Litzen ist dabei beliebig gewählt. Sie ist für die grundsätzliche Machart unwesentlich, die Querschnittsaufteilung wird in Abschn. 5 ausführlich behandelt. Bei einem *einfach* geschlagenen Seil (Abb. 1) liegen die Drähte in einer oder mehreren Lagen um einen Kern, meist um einen einzelnen Draht. Stellt diese Machart ein fertiges Seil dar, so spricht man von einem *Spiralseil*, bildet sie dagegen nur ein Element eines *mehrfach* geschlagenen Seiles, so spricht man von einer *Litze*. Bei einem *zweifach* geschlagenen Seil (Abb. 2) sind mehrere solcher Litzen um eine Seele aus Faserstoff oder Draht verseilt, man spricht in diesem Fall von einem *Litzenseil*. Bei einem *dreifach* geschlagenen Seil, dem sogenannten *Kabelschlagseil* (Abb. 3), sind mehrere Litzenseile, die dann auch *Schenkel* genannt werden, um eine Seele geschlagen. Grundsätzlich kann man alle Litzen oder Seile sowohl *rechts-* als auch *linksgängig* herstellen. In Abb. 1 verlaufen die Außendrähte, in Abb. 2 die Litzen und in Abb. 3 die Schenkel rechtsgängig, was den Normalfall darstellt. Im Gegensatz zu Abb. 2 gibt Abb. 4 ein linksgängiges Litzenseil wieder.

Abb. 4. Linksgängiges Litzenseil

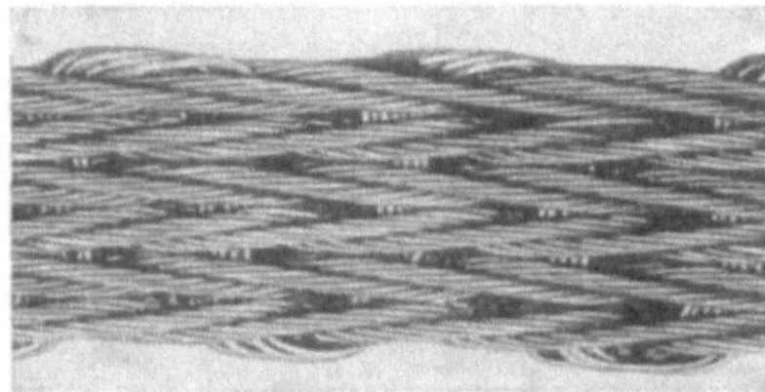

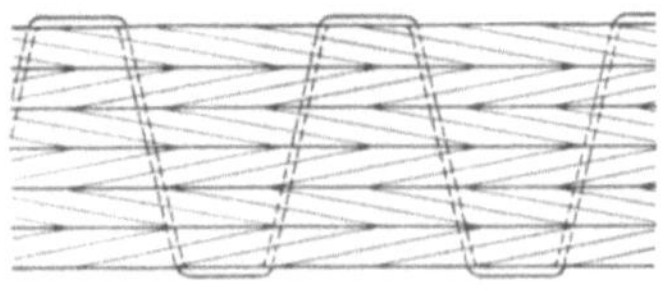

Abb. 5. Sechsschenkliges Flachseil, einfach genäht

Das *Flachseil* oder *Bandseil* besteht aus mehreren, meist 6 bis 8, Einzelseilen oder Schenkeln mit je 4 Litzen. Die Einzelseile, die abwechselnd rechts- und linksgängig geschlagen sind, werden mit Nähdrähten oder Nählitzen nebeneinandergenäht. Die Seile können *einfach*

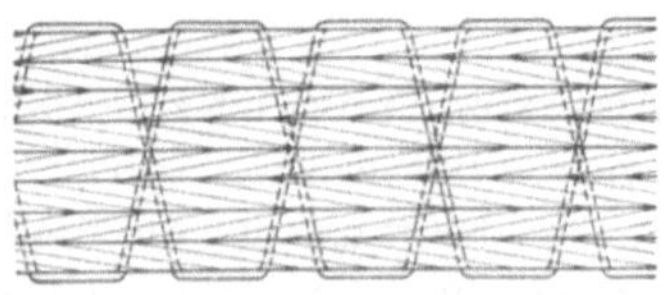

Abb. 6. Achtschenkliges Flachseil, doppelt genäht

oder *doppelt genäht* sein. Abb. 5 zeigt ein sechsschenkliges, einfach genähtes, Abb. 6 ein achtschenkliges, doppelt genähtes Flachseil. Neben der Ansicht ist das Seil jeweils schematisch dargestellt, so daß der Verlauf der Nähung ersichtlich ist, die sich beim doppelt genähten Seil im Innern überkreuzt.

Seile für Betriebsgruppe 1. Für die unter Gruppe 1 fallenden Verwendungszwecke, bei denen die Seile während des Betriebes dauernd über Trommeln oder Scheiben gebogen werden, wird man meist *Litzenseile*, also *zweifach* geschlagene Seile, wählen. Spiralseile sind im allgemeinen weniger geeignet, hauptsächlich, weil sie bei gleicher Tragkraft erheblich steifer sind als Litzenseile.

Vorwiegend in England, vereinzelt aber auch in anderen Ländern, findet man allerdings als Schachtförderseile bei Trommelförderungen einfach geschlagene Seile in sogenannter *verschlossener* Machart. Ein solches verschlossenes Förderseil ist in Abb. 7 dargestellt. Die Außenlage sowie eine oder zwei weitere Drahtlagen bestehen aus Formdrähten,

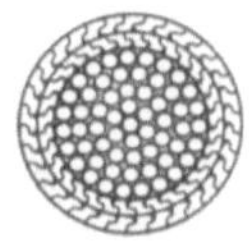

Abb. 7. Förderseil in verschlossener Machart

nach ihrer Querschnittsform auch *Z-* oder *S-Drähte* genannt, die so ineinandergefügt sind, daß ein Herausspringen gebrochener Drähte aus dem Seilverband weitgehend verhindert wird, und die außerdem dem Seil eine vollkommen glatte Oberfläche geben. Ihr hauptsächlicher Vorteil ist die gute Ausnutzung des Querschnitts, vor allem infolge des Fehlens einer Faserseele. Das bedingt einen verhältnismäßig kleinen Seildurchmesser, was wiederum eine ziemlich schmale Ausbildung der Trommeln erlaubt. Diese Eigenschaft macht es auch möglich, bei einer vorher mit Litzenseilen betriebenen Förderung ohne Verbreitern der Trommeln und damit ohne große Änderung der Fördereinrichtung lediglich durch Übergehen zu verschlossenen Seilen gleichen Durchmessers eine Erhöhung der Förderlast vorzunehmen oder bei entsprechender Verkleinerung des Seildurchmessers die Förderung zu einer tieferen Sohle zu verlegen. Außerdem sind die Seile durch entgegengesetzte Schlagrichtung einer oder mehrerer Drahtlagen zu den übrigen ziemlich *drall-* oder *drehungsfrei*, was ihre Beliebtheit bei dem Betriebspersonal erklärt. Auf den Begriff *Drall* ist auf Seite 7 bei der Besprechung der Litzenseile näher eingegangen. Als weiterer Vorteil kann die gute Auflage in den Rillen der Seilscheiben und Trommeln gelten, die durch die glatte Oberfläche bedingt ist. Diese sowie das feste, wenig nachgiebige Gefüge machen solche Seile ziemlich unempfindlich gegen Verschleiß und seitlichen Druck. Sie ertragen deshalb auch bedeutend besser als Litzenseile ein Aufwickeln in mehreren Lagen auf der Trommel, was besonders bei kleineren Förderanlagen, Bremsbergen, Schrägaufzügen und ähnlichen Betrieben häufig vorkommt.

Die Seile werden von etwa 18 mm bis über 50 mm Durchmesser ausgeführt. Nachteilig sind ihre verhältnismäßig geringe Biegsamkeit und die Tatsache, daß ein Seil oft schon wegen weniger Drahtbrüche abgelegt werden muß, weil gebrochene Drähte trotz des verschlossenen Gefüges beim Biegen über die Scheiben aus dem Seilverband herausspringen können und dabei unter Umständen weitere Zerstörungen hervorrufen. Wie praktische Versuche in England und Holland gezeigt haben, ist auch bei Treibscheibenförderungen eine Verwendung verschlossener Seile möglich, ohne daß Seilrutsch befürchtet werden muß.

Abb. 8
Litzenseile in Kreuzschlag (a) und Gleichschlag (b)

Im Gegensatz zu den Spiralseilen sind die Litzenseile besonders bei Verwendung einer *Faserseele* außerordentlich biegsam und deshalb für Betriebe, die ein dauerndes Krümmen bedingen, sehr gut geeignet. Die Faserseele, die bei Seilen für untergeordnete Zwecke aus Hanf, bei hochwertigen Seilen dagegen aus guter Hartfaser, wie Manila oder Sisal, besteht und mit Fett oder Firnis getränkt wird, gibt während des Betriebes unter dem nach innen gerichteten Druck der Litzen Tränkungsmittel ab, wodurch eine wirksame Schmierung des Seiles erreicht wird. Sie wirkt so gewissermaßen als Speicher für das Tränkungsmittel. Außerdem bildet die Seele eine weiche Auflage für die Litzen, deren gegenseitiger Druck auf diese Weise vermindert wird. Wenn man den metallischen Querschnitt des Seiles bei gleichem Durchmesser möglichst groß machen will, so kann man auch an Stelle der Faserseele eine *Drahtseele* oder ein *Innenseil* verwenden. Man muß dabei aber zum großen Teil auf die Schmierwirkung verzichten und hat außerdem durch den gegenseitigen Druck von Stahl auf Stahl ungünstige Berührungsverhältnisse im Innern des Seiles. Wie sich diese auswirken, wird aus dem Folgenden noch verständlich. Die Nachteile werden auch nur zum Teil behoben, wenn man das Innenseil mit Faserstoff umspinnt, da die Zwischenlage oft rasch verschleißt.

Man unterscheidet bei den Litzenseilen zwei Hauptgruppen, nämlich *Kreuzschlagseile* und *Gleichschlagseile*, die in Abb. 8 dargestellt sind. Bei den Kreuzschlagseilen (Abb. 8a) sind die Litzen zum Seil in entgegengesetzter Richtung geschlagen wie die Drähte zu den Litzen, bei den Gleichschlagseilen (Abb. 8b) dagegen verlaufen sowohl Drähte als auch Litzen in gleicher Richtung. Innerhalb der Litzen werden bei beiden Schlagarten die Drähte aller Lagen in gleichem Sinn geschlagen. Früher war es vielfach üblich, die erste Lage, insbesondere wenn sie aus 3 oder 4 Drähten bestand, entgegengesetzt zu den übrigen Lagen zu schlagen, wodurch eine bessere Form der zweiten Lage erreicht werden sollte. Diese Art ist wegen der ungünstigen gegenseitigen Berührungsverhältnisse der Drähte im Innern der Litzen, die durch die scharfe Überkreuzung der ersten und zweiten Lage bedingt sind, zu verwerfen, weil dadurch häufig innere Drahtbrüche entstehen. Sie wird deshalb heute praktisch nicht mehr ausgeführt.

Die ersten Drahtseile, die praktische Bedeutung erlangt haben, nämlich die von Oberbergrat ALBERT erstmalig im Jahr 1834 in Clausthal im Harz hergestellten Förderseile aus weichem Stahldraht, waren im Gegensatz zu den bis dahin ausschließlich verwendeten Hanfseilen in Gleichschlag hergestellt, der deshalb auch als *Albertschlag* bezeichnet wurde. Später wurden lange Zeit lediglich Kreuzschlagseile angewandt. Der Gleichschlag wurde dann von dem Engländer LANG wieder zur Geltung gebracht und nach ihm in England *Lang-lay* genannt, im Gegensatz zu dem *ordinary lay*, dem „gewöhnlichen Schlag“, womit der Kreuzschlag bezeichnet wird. Die Bezeichnung Lang-lay ging fälschlicherweise als *Längsschlag* in den deutschen Sprachgebrauch über und hatte sich in der Praxis weitgehend eingebürgert. Inzwischen ist es jedoch gelungen, diesen Ausdruck ziemlich auszumerzen.

Als Vorteil der Kreuzschlagseile gegenüber den Gleichschlagseilen wird im allgemeinen ihr geringerer *Drall* angesehen. Unter Drall versteht man das Bestreben eines Seiles, sich aufzudrehen. Seine Ursache sei nachstehend an Hand der Litzenseile näher erläutert, sie kann sowohl in inneren Spannungen als auch in äußeren Kräfteeinwirkungen liegen.

Beim normalen Schlagen eines Seiles werden die Drähte und Litzen nicht so weit bleibend verformt, daß sie ohne Zwang in ihrer neuen Lage verharren. Sie sind deshalb bestrebt, auf Grund der ihnen durch die elastische Verformung innewohnenden Spannungen wieder so weit zurückzufedern, wie es die bleibende Verformung zuläßt. Das bedeutet aber, sofern die Spannungen die Möglichkeit haben, sich auszuwirken, ein Aufdrehen, und zwar ein Aufdrehen der Litzen durch die inneren Spannungen der Drähte und ein Aufdrehen des Seiles durch die inneren Spannungen der Litzen. Man kann die Auswirkung dieser Spannungen als *Herstellungsdrall* bezeichnen.

Daneben bewirkt aber jede Zugbelastung eines Seiles ebenfalls Kräfte, die ein Aufdrehen, ein *Entdrallen*, anstreben. Wie aus Abb. 9 hervorgeht, läßt sich die senkrecht wirkende Kraft P einer am Seil hängenden Last in zwei Teilkräfte A und B zerlegen. Die Kraft A wirkt in Richtung der Drähte oder Litzen, je nachdem ob man die

Litzen oder das Seil betrachtet, und beansprucht diese auf Zug. Die Kraft B dagegen bewirkt, da sie jeweils tangential angreift, ein Drehmoment, das die Litzen oder das Seil aufzudrehen versucht, und dessen Auswirkung man im Gegensatz zum Herstellungsdrall als *Belastungsdrall* bezeichnet.

Bei einem Gleichschlagseil haben sowohl die Litzen als auch die Drähte das Bestreben, in der gleichen Richtung zurückzufedern, ebenso wirkt das durch die Zugbelastung bedingte Drehmoment bei beiden in der gleichen Richtung. Die Folge ist ein Addieren der Momente, also das Bestreben zu einem Aufdrehen sowohl der Litzen als auch des Seiles. Der Drall eines Gleichschlagseiles ist daher verhältnismäßig groß. Anders ist es beim Kreuzschlag. Durch die verschiedene Schlagrichtung von Drähten und Litzen wirken sich hier die Momente entgegen, das resultierende Drehmoment, und damit der Drall, ist somit bedeutend kleiner als beim Gleichschlag.

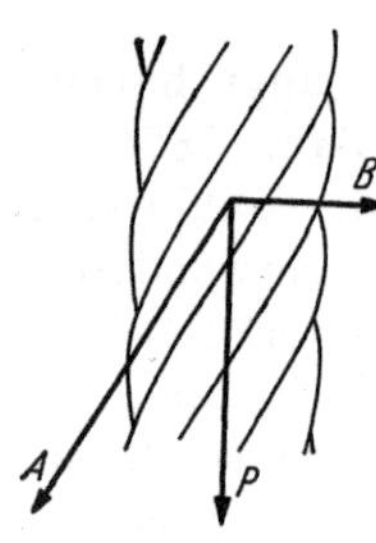

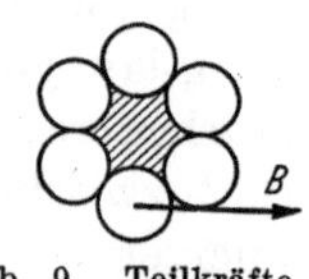

Abb. 9. Teilkräfte bei Zugbelastung

Die schädlichen Folgen des Entdrallens, auf die in Abschn. 8 näher eingegangen wird, sind die Ursache dafür, daß einfacher Gleichschlag grundsätzlich nur da verwendet werden kann, wo die beiderseitige Befestigung der Seile ein Aufdrehen unmöglich macht. Beispielsweise ist das der Fall bei Schachtförderungen mit Förderkörben oder Fördergefäßen, bei Aufzügen und bei Seilbahnen. Kreuzschlagseile dagegen können auch zum Anhängen oder Bewegen frei hängender Lasten verwendet werden, allerdings sind für diesen Zweck andere Macharten, auf die später eingegangen wird, vielfach noch besser geeignet.

Wenn ein Seil an beiden Enden so geführt wird, daß es sich unter keinen Umständen aufdrehen kann, so ist der Gleichschlag dem Kreuzschlag vorzuziehen. Unter sonst gleichen Bedingungen und bei gleicher Drahtzahl und Drahtdicke werden erfahrungsgemäß mit Gleichschlagseilen erheblich längere Betriebszeiten oder größere Förderleistungen erzielt als mit Kreuzschlagseilen. In noch ausgesprochenerem Maß wurde diese in der Praxis auf allen Verwendungsgebieten gewonnene Erfahrung durch Dauerbiegeversuche mit Drahtseilen bestätigt. Auf die Art der Ausführung solcher Versuche wird im folgenden Abschnitt näher eingegangen.

Die bessere Bewährung der Gleichschlagseile gegenüber den Kreuzschlagseilen ist zunächst in der größeren Biegsamkeit der ersten begründet. Der Unterschied in der Biegsamkeit beider Schlagarten wird aus folgenden Überlegungen verständlich. Bei einem Kreuzschlagseil tritt ein Außendraht auf einer Litzenschlaglänge etwa dreimal, bei einem

Gleichschlagseil sonst gleicher Machart dagegen nur einmal an den Seilumfang. Dies ist durch die entgegengesetzte Schlagrichtung von Drähten und Litzen bedingt und wird beim Vergleich der beiden Schlagarten in Abb. 8 ohne weiteres klar. Das häufigere Erscheinen eines Drahtes an der Oberfläche geht Hand in Hand damit, daß der Draht auch öfter zwischen zwei Litzen eingeklemmt wird. Beim Biegen eines Seiles tritt nun immer eine gewisse Verlagerung der Drähte ein, die auch mit einem gegenseitigen Verschieben in Längsrichtung verbunden ist. Die Möglichkeit des gegenseitigen Verschiebens der Drähte ist ja

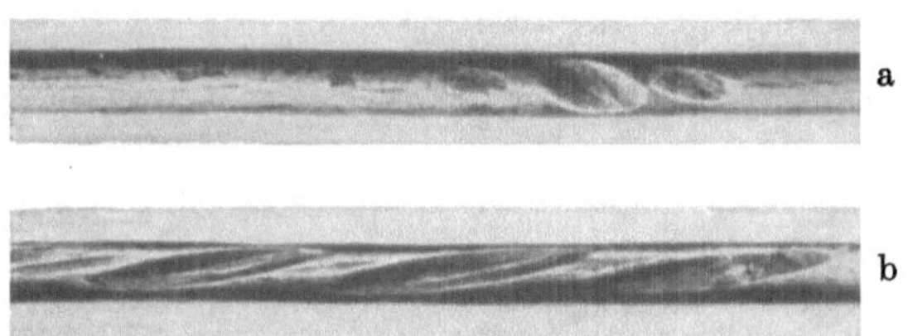

Abb. 10. Druckstellen in Außendrähten bei Kreuzschlag (a) und Gleichschlag (b)

gerade der grundsätzliche und wesentliche Unterschied zwischen einem Seil und einem starren Stab. Je öfter nun die Drähte eingeklemmt sind, desto schwerer können sie sich verschieben, desto größeren Widerstand wird also das Seil einem Biegen entgegensetzen. Dieser an sich schon größere Widerstand des Kreuzschlagseiles, der durch das häufigere Einklemmen bedingt ist, wird dadurch noch erhöht, daß die Drähte schärfer eingeklemmt werden als beim Gleichschlag. Die Außendrähte zweier Nachbarlitzen überkreuzen sich bei Gleichschlag unter einem Winkel von nur etwa 10°, während der entsprechende Winkel bei Kreuzschlag etwa 30° beträgt. Der Unterschied in den Überkreuzungswinkeln geht aus Abb. 10 hervor. Die Abbildung zeigt an zwei Drähten die Druckstellen, die sich an den Berührungsstellen der Litzen beim Arbeiten des Seiles und in geringem Maß auch schon beim Verseilen bilden. Der obere Draht stammt aus einem Kreuzschlagseil, der untere aus einem Gleichschlagseil. Ein gegenseitiges Verschieben der Drähte in Längsrichtung findet nun bei einem kleineren Winkel einen geringeren Widerstand als bei einem größeren, zumal auch die Druckstellen infolge ihrer größeren Fläche und damit der geringeren spezifischen Flächenpressung beim Gleichschlag weniger tief ausgebildet sind. Durch den so bedingten größeren Biegewiderstand der Kreuzschlagseile werden die Drähte bei dieser Schlagart stärker beansprucht und ermüden deshalb auch früher als bei Gleichschlagseilen.

Noch ein weiterer Punkt trägt zu einer stärkeren Beanspruchung der Drähte im Kreuzschlag bei. Wie aus Abb. 8a ersichtlich ist, liegen die

Drähte eines Kreuzschlagseiles jeweils nur auf einer verhältnismäßig kurzen Strecke am Seilumfang, sie sind hier infolgedessen ziemlich scharf gekrümmt. Die Folge ist, daß sie nur mit einer geringen Länge in den Scheiben- und Trommelrillen aufliegen. Der spezifische seitliche Druck, den die Außendrähte aufnehmen müssen, ist also beim Kreuzschlag ziemlich groß. Beim Gleichschlag dagegen liegen die Außendrähte, wie aus Abb. 8b hervorgeht, auf einer längeren Strecke am Seilumfang, sie schmiegen sich gleichsam ein Stück weit der Mantelfläche des Seiles an. Das bedeutet, daß der Draht den seitlichen Druck mit einer größeren Länge aufnehmen kann, daß also der spezifische seitliche Druck kleiner ist. Die Bedeutung dieses seitlichen Druckes für die Haltbarkeit eines Seiles ist nicht zu unterschätzen. Drähte, die Dauerbeanspruchungen

Abb. 11. Flachlitzenseil

auf Zug oder Biegung unterliegen, werden immer an einer Stelle brechen, an der sie einem zusätzlichen Seitendruck unterworfen sind, und zwar wird der Bruch um so rascher eintreten, je größer dieser Druck ist. Das erklärt sich schon durch das Vorhandensein eines dreiachsigen Spannungszustandes. Eine andere Einflußart des Seitendruckes auf die Beanspruchung der Drähte ist in Abschn. 3 erläutert. Weiterhin ist eine offensichtliche Folge des größeren spezifischen Seitendruckes auch der bedeutend stärkere Verschleiß der Kreuzschlagseile gegenüber den Gleichschlagseilen, der seinerseits wieder die Haltbarkeit beeinträchtigt.

Der günstige Einfluß einer möglichst der zylindrischen Form nahekommenden Seiloberfläche, der aus dem eben Gesagten verständlich wird, wurde bereits bei der Besprechung der Förderseile in verschlossener Machart auf Seite 5 angedeutet. Diese Machart erreicht ja durch ihre zylindrische Mantelfläche und damit die möglichst gleichmäßige und stetige Verteilung des Seitendruckes auf alle Drähte den Idealzustand. Eine Annäherung an diesen Zustand erstrebt man bei den Litzenseilen mit einer *Flachlitzen-* oder *Dreikantlitzenmachart*.

Abb. 11 zeigt ein Flachlitzenseil in Ansicht und Querschnitt. Die flache oder vielmehr elliptische Form der Litzen wird in der Litzenschlagmaschine durch eine entsprechende Ausbildung des Preßlagers erzeugt. Eine besondere Litzeneinlage ist dabei nicht unbedingt erforderlich. Allerdings erhält man eine bessere Lage der Drähte und bessere Berührungsverhältnisse besonders bei dickeren Seilen, wenn man in den Kern der Litzen einen elliptischen Formdraht legt, wie der Querschnitt in Abb. 11 zeigt. Bei Verwendung eines solchen Kerndrahtes werden außerdem die Runddrähte der ersten Lage nicht so scharf verformt, was sich hauptsächlich bei dickeren Drähten vorteilhaft auswirkt. Nachteilig ist bei diesen Seilen die schlechte Ausnutzung

Abb. 12. Dreikantlitzenseil mit Formdrähten im Kern der Litzen

des Querschnitts, der zu einem erheblichen Teil von der Faserseele ausgefüllt wird. Das ist auch der Grund, weshalb man sie in dieser einfachen Ausführung verhältnismäßig selten findet.

Der Nachteil der ungünstigen Querschnittsausnutzung wird bei Dreikantlitzenseilen vermieden, die Ausnutzung ist hier sogar besser als bei Rundlitzenseilen. Der Litzenquerschnitt hat etwa die Form eines gleichseitigen Dreiecks. Ein solches Seil ist in Ansicht und Querschnitt in Abb. 12 wiedergegeben. Die Dreikantform der Litzen wird durch

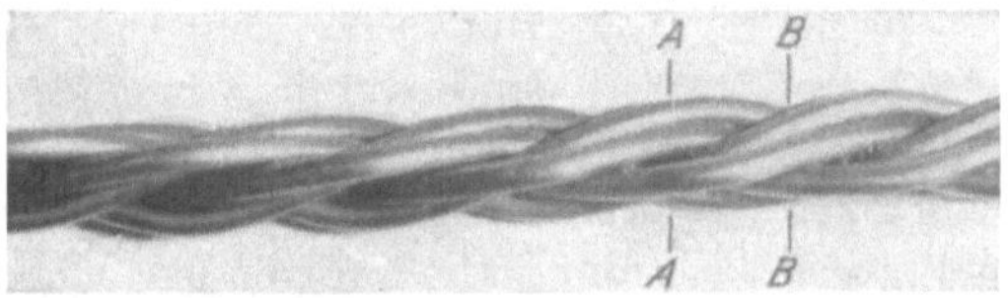

Abb. 13. Dreikantkern aus verseilten Runddrähten

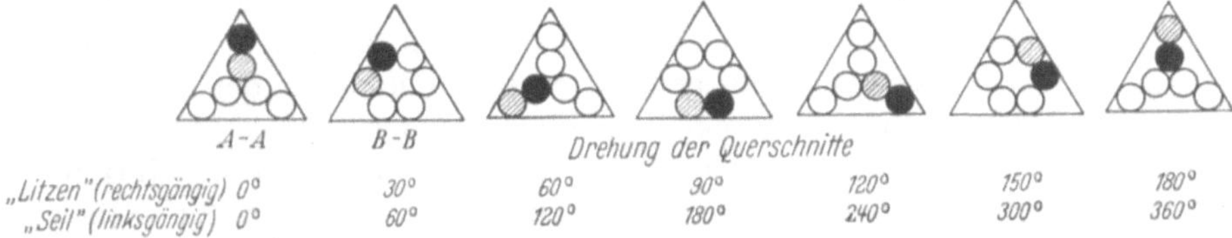

Abb. 14
Lage der Drähte in verschiedenen aufeinanderfolgenden Querschnitten des Dreikantkernes Abb. 13

einen dreikantigen Litzenkern erreicht, der auf verschiedene Weise hergestellt werden kann. Bei der ursprünglichen und lange Zeit ausschließlich verwendeten Machart besteht der Kern aus 3 vierkantigen Formdrähten, deren Querschnitt aus Abb. 12 zu ersehen ist, und die entsprechend zusammengelegt ein Dreikant bilden. Bei dünnen Seilen genügt auch ein einziger Formdraht mit dem Querschnitt eines gleichseitigen Dreiecks. Ungünstig ist dabei, daß die Formdrähte nicht annähernd in so hoher Festigkeit wie Runddrähte hergestellt werden können. Ein weiterer Nachteil der Formdrähte ist der, daß sie mehr zu Dauerbrüchen neigen als Runddrähte. Die meisten Seilereien sind deshalb dazu übergegangen, bei schweren Seilen und insbesondere bei Förderseilen den Litzenkern nicht mehr aus Formdrähten herzustellen, sondern aus 6 Runddrähten, die nach einem besonderen Verfahren verseilt werden.

Das Aussehen eines solchen Dreikantkerns geht aus Abb. 13 hervor. Man kann ihn als ein kleines Seil betrachten, es besteht aus 3 Litzen zu je 2 Drähten, die in einem bestimmten Verhältnis in Kreuzschlag verseilt sind. Die Schlaglänge der Drähte in den „Litzen" beträgt dabei das Doppelte derjenigen der „Litzen" im „Seil", wodurch eben die Dreikantform entsteht. Die Verhältnisse werden aus Abb. 14 in Zusammenhang mit Abb. 13 klar. Die Abbildung gibt sieben in gleichen Abständen aufeinanderfolgende, kennzeichnende Querschnitte wieder, aus denen die jeweilige Lage der Drähte zu ersehen ist. Die beiden Drähte einer „Litze" sind durch verschiedene Tönung kenntlich gemacht. Beim Ausgangsquerschnitt $A—A$, der dem Querschnitt $A—A$ in Abb. 13 entspricht, sei die Drehung der Querschnitte von „Litzen" und „Seil" 0°. Bei jedem folgenden Querschnitt sind die „Litzen" um 60°, und zwar entsprechend Abb. 13 linksgängig, am Dreiecksumfang weitergewandert, während die Drähte in den „Litzen" jeweils um 30° rechtsgängig weitergeschlagen sind. Die Lage des zweiten Querschnitts $B—B$ ist ebenfalls in Abb. 13 eingetragen, die weiteren Querschnitte sind in entsprechenden Abständen nach rechts angereiht zu denken. Nach einer Drehung der „Litzen" im „Seil" um 360°, also nach einer „Litzenschlaglänge", haben sich die Querschnitte der „Litzen" selbst erst um 180° gedreht, weil die Drähte in den „Litzen" ja, wie oben erwähnt, die doppelte Schlaglänge der „Litzen" im „Seil" haben. Zur Erzielung einer besseren Auflage der ersten um den Litzenkern geschlagenen Drahtlage ist es besonders bei schweren Seilen vorteilhaft, in die drei Rillen des Litzenkerns Fülldrähte aus weichem Stahl zu legen, deren Tragfähigkeit jedoch bei der Berechnung der Bruchlast des Seiles nicht berücksichtigt wird. Abb. 15 zeigt die Lage dieser Drähte in zwei kennzeichnenden Querschnitten des Litzenkerns.

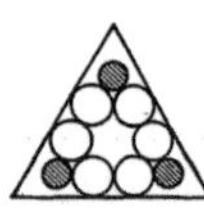
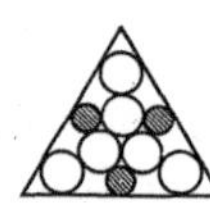

Abb. 15. Querschnitte eines Dreikantkerns mit Fülldrähten

Bei der vorstehenden Beschreibung war zum besseren Verständnis angenommen worden, daß der unverseilte Litzenkern ein prismatisches Dreikant bildet, daß also die verschiedenen Litzenquerschnitte wie in Abb. 14 alle in einer Richtung liegen. Nun muß bei den Dreikantlitzenseilen, wie übrigens auch bei den Flachlitzenseilen, immer die gleiche Litzenfläche am Seilumfang bleiben. Um die Litzen ohne Spannung verseilen zu können, müssen deshalb die aufeinanderfolgenden Querschnitte im geraden, unverseilten Zustand der Litzen gegeneinander verdreht sein. Die Kanten müssen also in einer Schraubenlinie verlaufen, deren Steigung sich nach der späteren Schlaglänge im Seil richtet, und zwar muß sie gleich der Litzenlänge sein, die dieser Schlaglänge entspricht. Auf dieser Litzenlänge beträgt die Verdrehung des Querschnitts 360°. Die Verdrehung, die bei Flachlitzen und bei Dreikantlitzen mit einem Formdrahtkern beim Schlagen der ersten Drahtlage durch Drehen des Preßlagers erzeugt wird, muß bei einem aus verseilten Runddrähten bestehenden Dreikantkern bereits bei dessen Herstellung berücksichtigt werden. Die Querschnitte in Abb. 14 müßten also gegeneinander verdreht sein, was durch entsprechende Änderung

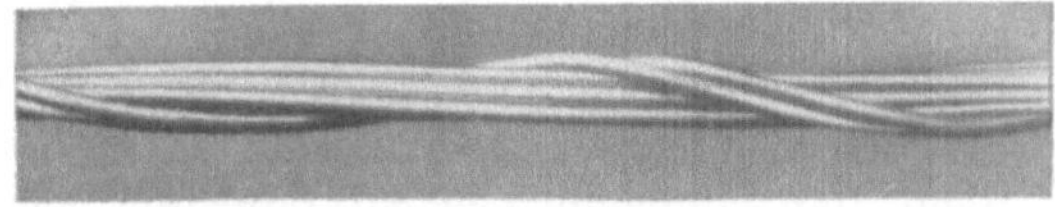

Abb. 16. Dreikantkern aus unverseilten Runddrähten

der angegebenen Winkel erreicht wird. Die Verdrehung der Litzen, die wohlgemerkt keine Eigenspannung mit sich bringt, nennt man *Twist*. In Abb. 13 erkennt man diesen Twist als rechtsgängige Schraubenlinie der Vorderkante. Wenn der Twist nicht richtig und der künftigen Schlaglänge der Litzen im Seil entsprechend bemessen wird, dann ist keine gute Lage der Litzen gewährleistet, und der Vorteil der Flachlitzen- und Dreikantlitzenseile wird hinfällig.

Erwähnt sei noch ein anderes Verfahren, nach dem der Dreikantkern einfach aus 3 oder 6 unverseilten, parallel liegenden Runddrähten hergestellt wird. Die Drähte werden in dieser Lage nur durch die darübergeschlagenen Drähte der ersten Drahtlage gehalten, die ihre Dreikantform in dem Preßlager der Litzenschlagmaschine erhält. Abb. 16 zeigt einen solchen aus 6 Drähten bestehenden Litzenkern, bei dem die erste Lage bis auf zwei Drähte abgewickelt ist. Die Kerndrähte werden durch diese beiden restlichen Drähte noch in ihrer Lage festgehalten. Auch in Abb. 16 ist der Twist zu erkennen.

Zur Gewährleistung einer guten Anordnung und Lage der dreikantigen Litzen um die Faserseele und zur Verminderung des gegenseitigen Druckes der Litzen werden mit den Stahllitzen besondere Beilagelitzen verseilt, die wie die Seele selbst aus guter Hartfaser bestehen. Sie liegen einerseits auf der Faserseele auf und pressen sich andererseits in die Rillen zwischen den Litzen und zwischen die Litzen selbst ein. Man nennt die Beilagelitzen, die man in dieser Art nur bei Dreikantlitzenseilen findet, *Trensen*.

Die gegenüber Rundlitzen schwächer gekrümmte Oberfläche der Flach- und Dreikantlitzen, die sich der Mantelfläche des Seiles und damit der Form der Scheibenrillen gut anpaßt, vermindert nach dem Vorstehenden den spezifischen seitlichen Druck auf das Seil, was sich auf dessen Haltbarkeit vorteilhaft auswirken muß. Wesentlich ist natürlich, daß die Litzen auch tatsächlich einwandfrei im Seil liegen und nicht, wie es bei Dreikantlitzenseilen infolge von mangelhafter Herstellung oder vielleicht auch von Drallverlust im Betrieb öfter vorkommt, nach Art der Abb. 17 verdreht sind. In diesem Falle laufen sie auf der Kante, der spezifische seitliche Druck ist größer als bei Rundlitzenseilen, und der ursprünglich beabsichtigte Vorteil wirkt sich zum Nachteil aus.

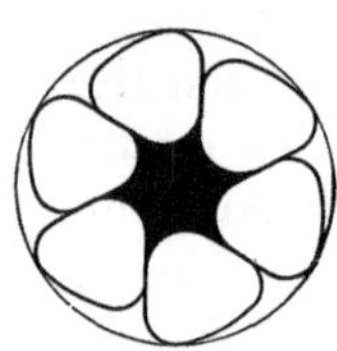

Abb. 17. Querschnitt eines Dreikantlitzenseiles mit verkanteten Litzen

Grundsätzlich können Flach- und Dreikantlitzenseile wiederum in Gleichschlag und in Kreuzschlag ausgeführt werden, die Auswahl der Schlagart erfolgt nach den gleichen Gesichtspunkten wie bei Rundlitzenseilen, man wird also auch hier Gleichschlag wählen, wenn sich das Seil im Betrieb nicht aufdrehen kann. Dreikantlitzenseile in Kreuzschlag sind im übrigen nicht gebräuchlich.

Ein wesentlicher Vorteil der Dreikantlitzenseile, der bereits weiter oben angedeutet wurde, und der mit zu ihrer guten Einführung beigetragen hat, ist der, daß sie bei gleichem Durchmesser einen um 10 bis 15% größeren metallischen Querschnitt und damit auch eine entsprechend höhere Tragfähigkeit aufweisen als Rundlitzenseile. Für die verschiedensten Verwendungszwecke liegen gute Erfahrungen vor. Die Seile sind für alle Betriebe mit hohen Belastungen geeignet, so besonders als Förder- und Aufzugseile.

Als Nachteil der Gleichschlagseile gilt gewöhnlich der starke Drall. Da nun Gleichschlagseile nach dem bisher Gesagten ohnehin nur dann verwendet werden können, wenn die Enden so befestigt und geführt sind, daß ein Aufdrehen unmöglich ist, so ist der Drall lediglich insofern unangenehm, als er beim Arbeiten mit einem Seil im entlasteten Zustand, also beispielsweise beim Auflegen und Neueinbinden, leicht zu Klankenbildung (s. Abschn. 8) führt, insbesondere, wenn die mit diesen Arbeiten beschäftigten Leute nicht gewöhnt sind, mit Gleichschlagseilen umzugehen. Bei Förderseilen wird vielfach als Nachteil des Gleichschlags auch empfunden, daß der starke Drall einen größeren Spurlattenverschleiß verursacht.

Aber auch der Nachteil des starken Dralles läßt sich weitgehend durch Verwendung *drallarmer* Gleichschlagseile beheben, bei denen man zwei grundsätzliche Arten unterscheiden muß. Bei der *ersten* Art wird die Drallarmut dadurch hervorgerufen, daß man den Drähten während des Verlitzens eine Verwindevorspannung gibt, die dem Drall entgegenwirkt. Bei der *zweiten* Art, die man allgemein als *vorgeformte* Seile bezeichnen kann, erhalten Drähte und Litzen eine bleibende Verformung in der Art, daß sie im geraden, unbelasteten Seil keine wesentlichen, nach außen wirksamen Spannungen aufweisen. Wenn sie aus dem Seilverband herausgenommen werden, so haben sie nicht mehr das Bestreben, in die gerade Form zurückzufedern wie bei einem normalen Seil (vgl. S. 7), sondern sie behalten die Form bei, die sie im

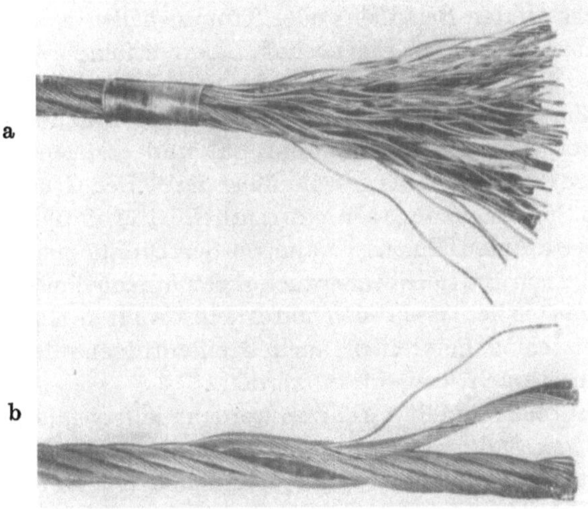

Abb. 18. Litzenseile in normaler (a) und spannungsarmer (b) Ausführung

Seil einnehmen. Löst man am Ende eines solchen Seiles den Bindedraht, so bleiben im Gegensatz zu einem normalen Seil die einzelnen Elemente tot im Seilverband liegen. Abb. 18 zeigt oben ein normales Seil, unten ein solches mit spannungsarm im Seil liegenden Drähten. In beiden Fällen ist am Ende der Bindedraht gelöst. Bei dem normalen Seil federn Litzen und Drähte besenartig auseinander, bei dem andern dagegen ist keinerlei Störung des Seilgefüges zu sehen. Eine Litze ist hier, um die Spannungsarmut zu zeigen, ein Stück weit aus dem Seil herausgewickelt, ebenso ein Draht aus dieser Litze. Solche Seile wurden zuerst in den Vereinigten Staaten hergestellt, wo man die Schlagart mit *Tru-Lay*, d. h. „wahrer Schlag", bezeichnete, ein Name, der sich auch in Europa eingeführt hat. Bei den eigentlichen Tru-Lay-Seilen, den ersten Seilen dieser Art, wird der spannungsarme Zustand dadurch erreicht, daß man die Litzen, ehe sie zum Seil zusammengeschlagen werden, so verformt, wie sie nachher im Seil liegen. Verschiedene Seilereien haben etwas andere Verfahren zur Erzeugung der Spannungsarmut entwickelt und bringen ihre Seile unter Sondernamen in den Handel. Das Grundsätzliche, nämlich die Spannungsarmut der Drähte im geraden, unbelasteten Seil, ist allen diesen Macharten gemeinsam.

Entstehen bei einem spannungsarmen Seil Drahtbrüche, so federn die Bruchenden nicht unbedingt aus dem Seilverband heraus, wie dies bei gewöhnlichen Seilen der Fall ist, sondern sie verbleiben in ihrer alten Lage. Dies kann insofern vorteilhaft sein, als ein Querlegen der Bruchenden und damit ein Beschädigen der Nachbardrähte durch den seitlichen Druck in den Scheiben- oder Trommelrillen vermieden wird. Andererseits bedingt diese Eigenschaft aber erhöhte Vorsicht beim Nachsehen der Seile, weil die Bruchenden und damit die Drahtbrüche nicht immer ohne weiteres sichtbar sind. Im übrigen bewähren sich die spannungsarmen Seile im Betrieb sehr gut und erzielen vielfach bedeutend bessere Laufzeiten als gewöhnliche Seile. Der Grund dafür läßt sich nicht mit Sicherheit angeben, vermutlich ist er in dem Fehlen der nach außen wirksamen Eigenspannungen der Drähte zu erblicken, die nur noch die reinen Betriebsbeanspruchungen aufzunehmen haben. Die spannungsarmen Seile lassen sich natürlich sowohl in Gleichschlag als auch in Kreuzschlag herstellen, auch Dreikantlitzenseile können auf diese Art drallschwach ausgeführt werden.

Die Tru-Lay-Seile und ihre Abarten werden vielfach fälschlicherweise auch als *drallfreie* Seile bezeichnet. Sie müssen aber zu den drallarmen Seilen gezählt werden, denn es ist ja lediglich der Herstellungsdrall aufgehoben. Die Bezeichnung „drallfrei“ ist nur insofern einigermaßen richtig, als die Seile im *unbelasteten* Zustand nahezu drallfrei sind, also nicht die Neigung haben, sich aufzudrehen oder zu verklanken. Sie erlauben dadurch ein bequemeres Arbeiten namentlich beim Auflegen. Unter Belastung hat aber jedes einfache Litzenseil, also auch das spannungsarm hergestellte, das Bestreben, sich aufzudrehen. Wie bereits auf S. 8 an Hand der Abb. 9 erläutert wurde, ist die Kraft, die das Aufdrehen bewirkt, nicht nur durch die inneren Spannungen bedingt, sondern ebenso durch die Teilkraft der Zugbelastung, die ein Drehmoment auf das Seil ausübt. Bei größeren Längen, insbesondere bei Schachtförderseilen, kann schon die Belastung durch das Eigengewicht zum Entdrallen führen. Für frei am Seil hängende Lasten ist demnach das vorgeformte Gleichschlagseil ebensowenig zu gebrauchen wie das normale.

Als drallschwach im belasteten Zustand kann das Kreuzschlagseil angesprochen werden. Hängt an einem Kreuzschlagseil eine Last, die nicht drehsicher geführt ist, so dreht zunächst wieder die Teilkraft B (Abb. 9) das Seil auf. Die Folge dieses Aufdrehens ist aber, daß sich die Litzen zudrehen und sich infolgedessen durch das dazu nötige

Drehmoment einem weiteren Aufdrehen des Seiles widersetzen. Während außerdem das Seil durch das Aufdrehen länger wird, haben die Litzen das Bestreben, sich zu verkürzen. Es wird also ein gewisser Gleichgewichtszustand eintreten, der natürlich, besonders bei höheren Belastungen, eine starke zusätzliche Zugbeanspruchung der Drähte bedeutet. Kreuzschlagseile werden deshalb mit Vorteil da verwendet, wo keine drehsichere Führung möglich, aber auch die Belastung nicht allzu groß ist. Sie eignen sich beispielsweise als Kranseile, Rangierseile und Schiffsseile. Aber auch als Förderseile zum Abteufen von Schächten kleinerer Teufe, besonders von Blindschächten, können sie ohne Schwierigkeit gebraucht werden, zweckmäßig erscheint dabei Kreuzschlag in vorgeformter Ausführung. In jedem Fall muß jedoch bei Verwendung eines Rundseils als Kübelförderseil ein Wirbel ins Zwischengeschirr eingebaut werden, um ein Drehen des Kübels während des Fahrens zu vermeiden.

Als Unterseile für Schachtförderungen, die frei unter den Schachtfahrzeugen hängen, sind Kreuzschlagseile ebenfalls zu gebrauchen. Auch hier müssen allerdings Wirbel in das Gehänge eingebaut werden, um Klankenbildung (s. Abschn. 8) zu verhindern. Von der Verwendung von Gleichschlagseilen für diesen Zweck ist unbedingt abzuraten, weil sie sich schon unter dem Eigengewicht zu stark aufdrehen würden.

Es sei an dieser Stelle darauf hingewiesen, daß im vorliegenden Abschnitt immer die Macharten für die einzelnen Verwendungszwecke angegeben sind, die sich auf Grund theoretischer Überlegungen und praktischer Erfahrungen am besten eignen und somit grundsätzlich die richtigen sind. Unter besonders günstigen Betriebsbedingungen oder bei schwacher Beanspruchung kann sich natürlich im Einzelfall auch eine andere, an sich weniger geeignete Machart zufriedenstellend bewähren. Beispielsweise werden häufig Kreuzschlagseile in Betrieben verwendet, wo man zweifelsohne besser mit Gleichschlag fahren würde. Dies kann aus einer gewissen betrieblichen Überlieferung heraus geschehen, vielfach nimmt man auch bewußt wegen des geringen Dralles der Kreuzschlagseile eine kürzere Betriebszeit in Kauf. Wenn in einer korrodierenden Atmosphäre die Seile ohnehin nach einer bestimmten Zeit durch Rost zerstört werden, und bis dahin auch ein Kreuzschlagseil seine Dienste tut, so bietet Gleichschlag natürlich zunächst keinen Vorteil. Aber in einem solchen Fall ist der Rost gegebenenfalls durch eine gute Verzinkung zu bekämpfen, um dennoch den Vorteil des Gleichschlags zur Geltung zu bringen.

Manche Betriebsleute im Bergbau glauben auch einen Vorteil darin zu sehen, Kreuzschlagseile als Förderseile zu nehmen, um sie nach dem Ablegen noch als Unterseile weiter verwenden zu können. Dieses Verfahren ist technisch und wirtschaftlich falsch. Beide Betriebsarten sind verschieden und erfordern verschiedene Macharten. Jedes Seil soll auf dem ihm zukommenden Betriebsgebiet möglichst weitgehend ausgenutzt werden, dann wird man stets günstiger fahren als mit Kompromissen.

Wenn man Wert auf Drall- oder Drehungsfreiheit oder wenigstens starke Drallarmut auch unter Belastung legt, dann muß man das Gebiet der einfachen Litzenseile verlassen. Sofern Rundseile verwendet werden müssen, kommt hier außer der bereits auf Seite 5 aufgeführten verschlossenen Machart das *mehrlagige Litzenseil*, das auch *Spirallitzenseil* oder *Litzenspiralseil* genannt wird, in Frage. Die Litzen sind in zwei oder mehreren Lagen um eine Seele verseilt, wobei jede Litzenlage in entgegengesetzter Richtung wie die vorhergehende geschlagen ist. Der Drall wird durch die entgegengesetzte Schlagrichtung der einzelnen Litzenlagen weitgehend aufgehoben. Ein solches zweilagiges Litzenseil ist in Abb. 19 dargestellt. Es handelt sich um ein Kranseil, das bereits in Betrieb war. Die äußere Litzenlage ist zum Teil abgewickelt, so daß die Innenlitzen sichtbar sind. Die Abbindung dient lediglich dazu, die durchgeschnittenen Außenlitzen im Seilverband festzuhalten. Die Seele eines solchen Seiles kann entweder aus Faserstoff oder, wenn keine große Biegsamkeit gefordert wird, auch aus einer weiteren Litze bestehen. Bei Verwendung von Rundlitzen sind die Berührungsverhältnisse zwischen den einzelnen Litzenlagen ungünstig. In Abb. 19 sind deutlich die Druckstellen an den Drähten der Innenlitzen zu erkennen, die von dem Überkreuzen mit den Drähten der Außenlitzen herrühren. Diese Druckstellen können durch ihre Kerbwirkung leicht zu Drahtbrüchen führen, die dann von außen nicht zu erkennen sind, und auf deren Gefahr in Abschn. 9 noch näher hingewiesen wird. Nachteilig bei der im Bild wiedergegebenen Machart ist auch die Art der Verseilung. Dadurch, daß die Innenlitzen in Gleichschlag und die Außenlitzen in Kreuzschlag hergestellt sind, überkreuzen sich die Drähte besonders scharf. Besser ist es, die Innenlitzen in Kreuzschlag und die Außenlitzen in Gleichschlag zu verseilen, wodurch die Drähte an der Berührung beider Litzenlagen nahezu parallel verlaufen. Ähnliche Seile erfreuen sich vielfach als Förderseile einer gewissen Beliebtheit. Es handelt sich dabei um Litzenseile mit Innenseil nach Abb. 20. Diese Machart wurde bereits auf Seite 6 kurz erwähnt. An Stelle der Faserseele ist im Innern ein Seil aus meist 5 dünnen Litzen in Kreuzschlag angeordnet, das von 8 dickeren Außenlitzen in Gleichschlag um-

Abb. 19. Zweilagiges Rundlitzenseil

geben ist. Innen- und Außenlitzen sind entgegengesetzt geschlagen, die Machart ist also ziemlich drallarm. Nachteilig sind auch hier die ungünstigen Berührungsverhältnisse zwischen den beiden Litzenlagen. Man soll deshalb das Innenseil mit einer kräftigen Faserzwischenlage aus Manila umspinnen, von deren Güte in erster Linie die Bewährung abhängt. Wegen der ungünstigen Berührungsverhältnisse bei Verwendung von Rundlitzen führt man Litzenspiralseile besser als *mehrlagige Flachlitzenseile* aus, deren Beschaffenheit aus Abb. 21 hervorgeht. Die Abbildung zeigt ein zweilagiges Flachlitzenseil, bei dem in gleicher Weise wie bei dem entsprechenden Rundlitzenseil in Abb. 19 die äußere Litzenlage teilweise abgewickelt ist.

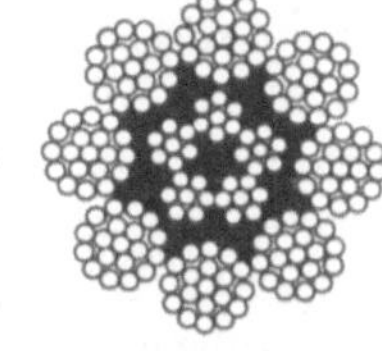

Abb. 20. Förderseil in Rundlitzenmachart mit Innenseil

Die Litzenspiralseile eignen sich unter anderem für Ladekrane in Seehäfen, bei denen die Lasten an einem langen Seil frei hängen, und als frei hängende Spannseile für Trag- und Zugseile von Seilbahnen. Bei Förderseilen im Abteufbetrieb findet sich die Machart ebenfalls. Die mehrlagigen Flachlitzenseile sind als Schachtförderseile für große Teufen in zunehmendem Maß in Gebrauch, wo sie wegen ihrer guten Querschnittsausnutzung in Verbindung mit dem geringen Drall Vorteile bieten. Eine nicht zu unterschätzende Gefahr liegt aber, das muß immer wieder betont werden, bei allen diesen Seilen in der Möglichkeit des Auftretens von Drahtbrüchen in den inneren Litzen.

Vollkommen drallfrei ist das *Flach-* oder *Bandseil* bei gerader Schenkelzahl. Sein Aufbau wurde bereits auf S. 4 besprochen. Der Drall der einzelnen Schenkel, die abwechselnd rechts und links geschlagen sind, hebt sich hier gegenseitig auf.

Abb. 21. Zweilagiges Flachlitzenseil

Solche Flachseile sind als Förderseile in Abteufschächten sehr gut geeignet. Außer ihrer Drallfreiheit haben sie noch den Vorteil eines guten Ausgleichs des Seilgewichtes, der bei der Eigenart des Betriebes nicht durch ein Unterseil bewerkstelligt werden kann. Die Flachseile werden nicht wie Rundseile in nebeneinanderliegenden Windungen auf Trommeln, sondern in Lagen übereinander auf sogenannten Bobinen aufgewickelt. Der oben befindliche Kübel mit dem kurzen Seil, also dem kleinen Seilgewicht, greift durch das aufgewickelte Seil mit einem langen Hebelarm an der Bobinenwelle an, während der untere Kübel mit dem langen Seil, also dem großen Seilgewicht, an einem kurzen Hebelarm angreift. Die Momente heben sich somit weitgehend auf. Die Bobinenseile werden einfach genäht. Doppelt genähte Flachseile sind durch die Überkreuzung der Nähdrähte oder -litzen in der Mitte etwas dicker als an den Seiten, so daß sie keine gute Auflage beim Aufwickeln gewährleisten würden. Erwähnt sei, daß man die Schenkel gerade für Bobinenseile auch in Gleichschlag herstellen kann.

Auch als Unterseile bei Schachtförderungen sind die Flachseile am weitesten verbreitet. Sie erübrigen durch ihre vollkommene Drallfreiheit das Einbauen von Wirbeln in die Aufhängung. Außerdem sind sie durch ihre im Verhältnis zum Querschnitt geringe Dicke biegsamer als entsprechende Rundseile. Dies muß sich gerade bei Unterseilen, die ohne Führung im Schacht hängen und besonders bei schmalen Förderkörben keine zu weite Bucht bilden sollen, vorteilhaft auswirken. Im allgemeinen werden auch diese Seile einfach genäht. Mit doppelter Nähung sind sie allerdings widerstandsfähiger gegenüber mechanischen Zerstörungseinflüssen und deshalb vor allem für stark beanspruchte Förderungen und in krummen Schächten geeignet.

Die dreifach geschlagenen Seile, also die *Kabelschlagseile*, haben eine geringere Bedeutung als die bisher besprochenen Macharten. Zum dauernden Laufen über Scheiben, also als Kranseile, Förderseile usw., eignen sie sich nicht, da einerseits ihre Oberflächenbeschaffenheit ungünstige Berührungsverhältnisse in den Scheibenrillen mit sich bringt, und andererseits auch die gegenseitige Berührung der Drähte im Seilinnern ungünstig ist. Meist wird bei dieser Machart durch Verwendung dünner Drähte eine große Biegsamkeit angestrebt. Die Seile sind da zu gebrauchen, wo sie über verhältnismäßig kleine Rollen gekrümmt, aber nur selten bewegt werden, vor allen Dingen als Schwebebühnenseile und Pumpenhängeseile in Abteufbetrieben des Bergbaus sowie als Spannseile aller Art. Sie sind für diese Zwecke auch wegen ihres schwachen Dralles geeignet, der seinen Grund in dem dreifachen, jeweils entgegengesetzten Schlag hat.

Seile für Betriebsgruppe 2. Für die Betriebsarten der Gruppe 2, bei der die Seile nicht über Rollen oder Scheiben laufen und infolgedessen weniger biegsam zu sein brauchen, treten die einfach geschlagenen, die *Spiralseile*, in den Vordergrund. Bei kleinerem Durchmesser ist hier die Herstellung billiger als die von Litzenseilen, während sich bei dickeren Seilen, insbesondere bei Tragseilen für die verschiedensten Zwecke, die ziemlich glatte, dem Zylinder angenäherte Seiloberfläche bezüglich des Verschleißes günstig auswirkt. Gleichzeitig ist natürlich in jedem Fall die gute Querschnittsausnutzung, also ein verhältnismäßig kleiner Durchmesser bei größter Tragfähigkeit, vorteilhaft. Bei Tragseilen für Hängebrücken ist die letztgenannte Eigenschaft neben dem hohen Elastizitätsmodul ausschlaggebend. Vorteilhaft ist weiter die Drallfreiheit, die durch entgegengesetztes Schlagen der einzelnen Drahtlagen erreicht wird. Der Nachteil, den eine entgegengesetzte Schlagrichtung einzelner Drahtlagen innerhalb der Litzen von zweifach geschlagenen Seilen bei der Betriebsgruppe 1 hat, und der auf S. 7 besprochen wurde, entfällt hier wegen der entschieden geringeren gegenseitigen Bewegung der Drähte infolge kleinerer Biegeschwellbeanspruchungen.

Zunächst ist das einfache, nur aus Runddrähten bestehende Spiralseil (Abb. 1) zu nennen. Seile dieser Machart haben ein verhältnismäßig engbegrenztes Anwendungsgebiet, sie können als Führungsseile für Aufzüge, Schachtförderungen und Fähren sowie als Tragseile für kleinere Hängebrücken verwendet werden. Auch als Verspannseile sind solche einfachen Litzen zu gebrauchen, oft werden dafür jedoch Litzenseile genommen, weil für die bessere Handhabung bei der Montage und beim Einbinden eine gewisse Biegsamkeit erwünscht ist.

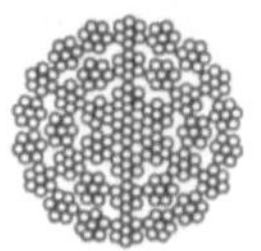

Abb. 22. Tragseil in Herkules-Machart

Der Verwendung einfacher Spiralseile als Tragseile für Seilschwebebahnen, Kabelkrane, Kabelbagger und ähnliche Zwecke, bei denen Rollen über das Seil laufen, steht ein großer Nachteil entgegen. Wenn nämlich bei einem nur aus Runddrähten hergestellten Spiralseil ein Außendraht bricht, so bleibt er nicht im Seilverband liegen, sondern wickelt sich auf einer größeren Strecke aus dem Seil heraus. Die Drahtbruchenden können nur durch Abbinden mit Draht oder durch Schellbänder aus Blech in ihrer ursprünglichen Lage festgehalten werden, bis zum Anbringen solcher Bindungen können sich aber schon die über das Seil laufenden Rollen in dem gebrochenen Draht verfangen und erhebliche Zerstörungen angerichtet haben. Wenn dies an mehreren Stellen vorkommt, dann ist bald der ganze Seilverband gestört, und es ist nicht mehr möglich, daß die Rollen ungehindert über das Seil laufen. Außerdem bilden solche Bindungen nur eine Notlösung, da sie ihrerseits durch die darüberfahrenden Rollen zerstört werden und oft erneuert werden müssen.

So griff man zunächst wieder zu Litzenseilen, wenn auch in einer etwas anderen Form. Die Drallfreiheit wird durch mehrere Litzenlagen in verschiedener Schlagrichtung erreicht, die wiederum jeweils in Kreuzschlag hergestellt sind. Als Seele wird ebenfalls eine Litze eingelegt. Man kommt so zu einem Litzenspiralseil aus zahlreichen Litzen mit meist nur je 7 Drähten. Dieser Seilaufbau ist in den deutschsprachigen Ländern als *Herkules-Machart* bekannt. Abb. 22 zeigt Ansicht und Querschnitt eines solchen Seiles. Etwaige Drahtbrüche stören den Betrieb nicht, weil die Bruchenden ganz kurz zwischen den Nachbarlitzen gefaßt werden. Die gebrochenen Drähte können sich einerseits nicht aus dem Seil herauswickeln, andererseits tragen sie in kurzer Entfernung vom Bruch wieder, wie in Abschn. 9 näher erläutert wird. Außerdem wurde die größere Biegsamkeit der Litzenspiralseile gegenüber den einfachen Spiralseilen als vorteilhaft angesehen. Wegen dieser Vorteile wurde die Machart gerade für Personenschwebebahnen lange beibehalten. Nachteilig sind allerdings die ungünstigen äußeren und inneren Berührungsverhältnisse der Drähte. Die annähernd punktförmige Berührung der Drähte mit den Laufrollen am Seil-

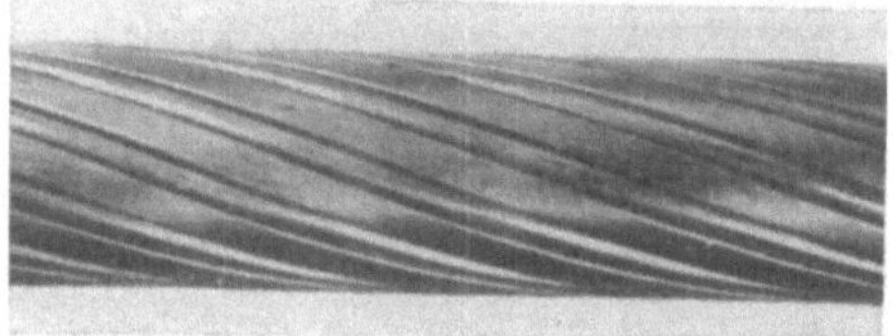

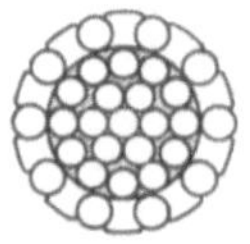

Abb. 23. Tragseil in halbverschlossener Machart

umfang führt zu einem verhältnismäßig starken Verschleiß sowohl der Drähte als auch der Rollen. Im Innern des Seiles überkreuzen sich die Drähte ziemlich scharf. Durch die auch bei solchen Betriebsarten keinesfalls zu vernachlässigenden Biegungen ist also bei längerer Betriebszeit die Gefahr von Drahtbrüchen im Innern gegeben.

Die Entwicklung ging deshalb wieder zum einfach geschlagenen Seil, und zwar in der *verschlossenen* Form. Etwaige Drahtbrüche in der Außenlage sind hier im Gegensatz zu den verschlossenen Förderseilen nicht mehr nachteilig, weil die Bruchenden durch das Profil der stärkeren Außendrähte und in Anbetracht der kleineren Biegungen einwandfrei im Seilverband festgehalten werden. Die fast vollkommen zylindrische Oberfläche gewährleistet ein Kleinstmaß an Verschleiß von Seil und Laufrollen. Weiterhin schützt der ziemlich dicht schließende Formdrahtmantel das Seil weitgehend vor dem Eindringen von Feuchtigkeit, so daß die Innenschmierung (s. a. Abschn. 10) sich durch Jahre sehr gut erhält und auch einen Verschleiß im Innern verhindert.

Nachteilig erschien zunächst, daß die Formdrähte nicht in einer ebenso hohen Zugfestigkeit hergestellt werden können wie Runddrähte, was auf Kosten des Seildurchmessers geht. So versuchte man, die Anzahl der Formdrähte möglichst klein zu halten, und gelangte zur *halbverschlossenen* Machart, die in Abb. 23 dargestellt ist. Die Außenlage besteht hier abwechselnd aus Formdrähten von besonderem Querschnitt und aus Runddrähten. Form- und Runddrähte sind so ineinandergefügt, daß beim Entstehen von Drahtbrüchen ebenfalls ein Herausspringen der Drähte aus dem Seilverband verhindert wird. Die glatte Oberfläche bleibt ziemlich gewahrt. Solche Seile sind übrigens in England als Führungsseile für Schachtfahrzeuge im Bergbau sehr beliebt. Sie werden mit einer ziemlich dickdrähtigen Decklage ausgeführt, die großen Widerstand gegen Verschleiß bietet.

Für Tragseile von Seilbahnen, Kabelkranen, Kabelbaggern und ähnlichen Betrieben wird heute vorwiegend die vollverschlossene Machart mit einer oder auch mehreren Mantellagen aus Formdrähten über dem Runddrahtkern verwendet. Ansicht und Querschnitt eines solchen Tragseils mit einer Formdrahtlage sind in Abb. 24 dargestellt.

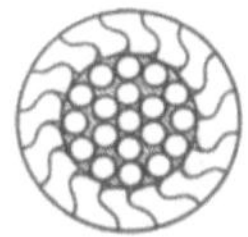

Abb. 24. Tragseil in vollverschlossener Machart

Im Vergleich zu dem verschlossenen Förderseil in Abb. 7 sei auf die stärkeren Formdrähte hingewiesen.

Ebenso wie bei den gewöhnlichen Spiralseilen werden auch bei den verschlossenen die einzelnen Drahtlagen abwechselnd links und rechts geschlagen, um den Drall zu vermindern. Vielfach werden allerdings auch mehrere aufeinanderfolgende Lagen in der gleichen Richtung und nur die Formdrahtlagen wechselseitig geschlagen. Wie bereits erwähnt, ist die entgegengesetzte Schlagrichtung, die bei den mehrfach geschlagenen Seilen als ungünstig bezeichnet wurde, hier nicht schädlich. Für eine einwandfreie Herstellung ist sie sogar notwendig, weil man bei gleicher Schlagrichtung aller Lagen kein festes Gefüge erhalten würde.

Zum besseren Verständnis der für die Auswahl der Tragseile maßgebenden Gesichtspunkte sei hier kurz auf die Entwicklung der Seilschwebebahnen eingegangen. Die Biegebeanspruchungen, denen die Seile jedesmal beim Darüberlaufen der Fahrzeuge unterworfen werden, sind abhängig von der Seilspannung, und zwar sind sie um so größer, je schwächer das Seil gespannt ist. Früher fuhr man nun mit hoher Sicherheit auf Zug, man wählte das Spanngewicht also verhältnismäßig klein, die Biegebeanspruchung war entsprechend groß. Um den Durchhang in erträglichen Grenzen zu halten, waren kleine Spannweiten und damit zahlreiche Stützen nötig. Der moderne Seilbahnbau arbeitet nach einem anderen Grundsatz. Die Seile werden stärker gespannt, die Sicherheit auf Zug ist also kleiner, gleichzeitig werden aber auch die Biegebeanspruchungen kleiner. Bei dem verhältnismäßig kleineren Durchhang kann man die Spannweiten erheblich vergrößern und damit die Anzahl der Stützen vermindern, was einmal für die Anlagekosten beträchtliche Ersparnisse bedeutet und zum andern die Anzahl der Stellen mit besonders hoher Anstrengung der Tragseile, die eben an den Stützen auftritt, vermindert. Heute werden sowohl Last- als auch Personenschwebebahnen, soweit es sich um solche mit Tragseilen handelt, fast durchweg nach diesem Grundsatz gebaut. Bei Personenschwebebahnen im Gebirge beträgt die Entfernung zwischen den Stützen vielfach über 1 km. Abb. 25 gibt als Beispiel die Trasse der Kreuzeckbahn in Garmisch wieder, aus der die Größe der Stützenentfernung hervorgeht. Zur Verminderung des Seildurchmessers und damit des Seilgewichts und des Durchhangs ist man also bestrebt, Drähte möglichst hoher Zugfestigkeit zu verwenden. Nun erreichen aber die Formdrähte aus Herstellungsgründen nicht die Festigkeiten, die für Runddrähte möglich sind, was zu einer Bevorzugung des verschlossenen Seiles mit nur einer Formdrahtlage führt. Durch dieses Bestreben gewinnt sogar das Herkulesseil, das ja nur aus Runddrähten besteht, wieder an Bedeutung. Die bei der Besprechung dieser Machart aufgeführten beiden Nachteile entfallen nämlich heute weitgehend. Die Gefahr innerer Drahtbrüche durch die ungünstigen Berührungsverhältnisse der Drähte im Innern des Seiles sinkt mit Abnehmen der schwellenden Biegebeanspruchung, also mit höherer Zugspannung. Die ungünstigen äußeren Berührungsverhältnisse, also der äußere Verschleiß des Seiles und der Rollen der Laufwerke, werden durch ein Ausfüttern des Rillengrundes mit weichen Werkstoffen, meist Leder oder Gummi, stark herabgemindert. Durch die Biegsamkeit der Seile besteht weiterhin die Möglichkeit, das Spanngewicht ohne Zwischenschalten eines Spannseils am Tragseil zu befestigen, wodurch Spannseile und Zwischenkupplungen eingespart werden. Eine andere interessante Lösung, auf die Formdrähte zu verzichten, ist die, ein Spiralseil aus Runddrähten mit einer Decklage aus 7-drähtigen Litzen zu verwenden.

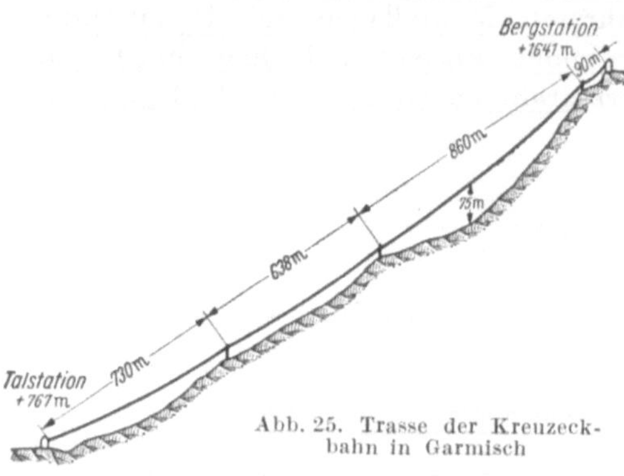

Abb. 25. Trasse der Kreuzeckbahn in Garmisch

Abb. 26. Tragseil einer Hängebrücke in verschlossener Machart

Im Gegensatz zu diesen Betrieben spielt bei Tragseilen von Hängebrücken die Beanspruchung auf Biegung eine untergeordnete Rolle, weil hier wechselnde Biegungen nur durch Schwingungen hervorgerufen werden, und die Seile im übrigen in den Schuhen auf den Pylonen ruhig aufliegen. Man kann deshalb ziemlich starre Seile verwenden. Der Vorteil verschlossener Seile liegt hier in dem dichten Gefüge, also in der guten Querschnittsausnutzung, die sich durch zahlreiche Formdrahtlagen noch günstiger gestalten läßt als bei den verschlossenen Seilen anderer Verwendungsgebiete. Auf einem Runddrahtkern liegen bei schweren Brückenseilen zunächst mehrere Lagen aus *Keildrähten* mit trapezförmigem Querschnitt, um die dann die vollverschlossenen Lagen aus Z-Drähten geschlagen sind. Abb. 26 zeigt den Querschnitt eines solchen Seiles. Die dicht schließenden Formdrahtlagen bilden gleichzeitig einen vorzüglichen Schutz gegen das Eindringen von Feuchtigkeit in das Seilinnere.

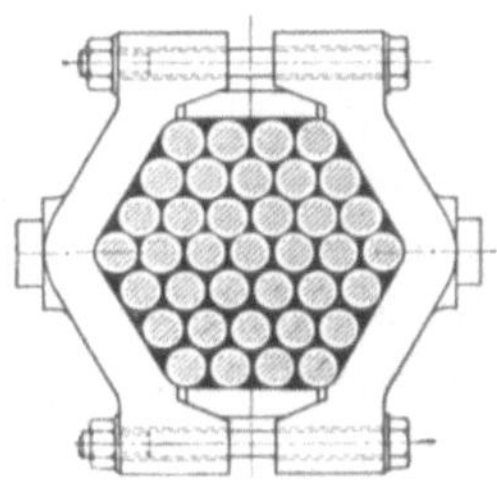

Abb. 27
Anordnung von 37 Seilen zu einem Tragseilstrang einer Hängebrücke (nach Werkskatalog Hüttenwerk Oberhausen AG., Werk Gelsenkirchen)

Verschlossene Brückenseile werden bis zu einem Durchmesser von 80 mm hergestellt. Der Seildurchmesser ist nach oben weniger durch die Schlagmaschinen begrenzt als vor allem durch die Gewichte und die Möglichkeit des Aufwickelns für den Transport von der Seilerei zur Baustelle. Nun reichen aber zwei Seile des erwähnten Durchmessers für größere Hängebrücken nicht entfernt aus. Man fügt deshalb mehrere, meist 19, 37 oder auch 61 Seile zu parallelen Bündeln zusammen, die in Sechskantform angeordnet sind und an den Aufhängepunkten der Brückenbahn mit Schellen zusammengehalten werden. Abb. 27

Abb. 28. Tragseilstrang einer Hängebrücke (Werksaufnahme Hüttenwerk Oberhausen AG., Werk Gelsenkirchen)

gibt die Anordnung von 37 Seilen eines solchen Stranges schematisch wieder, während Abb. 28 die Ansicht eines eingebauten Stranges darstellt.

In den Vereinigten Staaten werden für die Hängebrücken im allgemeinen keine Seile, sondern *parallele Drahtbündel* verwendet, die in einzelne „Litzen" aufgeteilt sind. Sie werden an Ort und Stelle gesponnen, zusammengepreßt und mit Bandagen zusammengehalten. Die älteste dieser Brücken ist die Brooklyn-Brücke über den East River in New York.

3. Berechnung der Seile

Die Berechnung der Seile wird heute in der Praxis *lediglich auf Zug* durchgeführt. Wenn im ersten Abschnitt erwähnt wurde, daß bei den Seilen der ersten Gruppe die Biegebeanspruchungen eine erhebliche Rolle spielen, so scheint sich das zunächst zu widersprechen. Der Grund dafür, daß diese Beanspruchungen nicht in die Berechnung eingesetzt werden, ist aber der, daß wir bis heute noch nicht in der Lage sind, eine einwandfreie Berechnung durchzuführen.

Reuleaux gab schon im Jahre 1861 für die Berechnung der Biegespannung die Formel

$$\sigma = \frac{\delta}{D} E$$

an. Darin bedeutet σ die größte im Draht auftretende Biegespannung, δ den Drahtdurchmesser, D den Scheibendurchmesser, über den das Seil gekrümmt wird, und E den Elastizitätsmodul des Drahtwerkstoffes. Bei dieser Berechnung ist also angenommen, daß der Draht im Seil dieselben Biegebeanspruchungen erfährt, wie wenn er im unverseilten Zustand über die Scheiben gebogen wird. Das ist zweifellos eine der Beanspruchungen, denen der Draht unterworfen wird. Indessen kann diese einfache Formel den tatsächlichen Verhältnissen nicht gerecht werden, denn die Vielzahl der sich überlagernden Einflüsse auf den Draht beim Biegen des Seiles ist überhaupt nicht auf einfache Art mathematisch zu erfassen. Eine einwandfreie Formel müßte ja wenigstens auch in irgendeiner Weise die Machart des Seiles berücksichtigen.

Im Gegensatz zur Praxis kann sich die Forschung natürlich nicht mit der Vernachlässigung der Biegebeanspruchungen begnügen. Sie wählte zunächst den empirischen Weg der *Dauerbiegeversuche mit ganzen Seilen*. Derartige Versuche wurden in Deutschland erstmals am Lehrstuhl für Hebemaschinen der Technischen Hochschule in Karlsruhe [*1*] durchgeführt und fortgesetzt am Forschungsinstitut für Fördertechnik der Technischen Hochschule in Stuttgart [*19*]. Während diese Forschungsanstalten sich auf Versuche mit dünneren Seilen, entsprechend den Macharten für Kran- und Aufzugseile, beschränkten, baute die Seilprüfstelle der Westfälischen Berggewerkschaftskasse in Bochum einen Versuchsstand für dickere Seile [23], um die Verhältnisse bei Förderseilen näher zu untersuchen. Hier lassen sich bereits Macharten in den Abmessungen von kleineren Blindschachtförderseilen prüfen. Bei allen derartigen Dauerbiegeversuchen läuft das auf Zug belastete Versuchsseil über zwei oder mehrere Rillenscheiben, von denen eine als Antriebscheibe wirkt. Auf diese Weise werden die Betriebsverhältnisse der Praxis nachgeahmt, jedoch unter Ausschaltung zusätzlicher Beanspruchungen durch Schwingungen und andere nicht erfaßbare Einflüsse, die durch ihre Überlagerung ein Auswerten der Beobachtungen im praktischen Betrieb so schwierig gestalten. Zur Auswertung der Versuche werden in gewissen Zeitabständen die entstandenen Drahtbrüche gezählt, ihre Anzahl wird kurvenmäßig in Abhängigkeit von der Biegezahl aufgetragen. Als Beispiel sind einige solche Drahtbruchkurven in Abbildung 29 wiedergegeben. Zu bemerken ist, daß die bei den Seilen der Gruppe 1 und somit auch bei den Dauerbiegeversuchen auftretenden Beanspruchungen stets über der Dauerfestigkeit des Drahtwerkstoffs liegen, daß also immer nach einer gewissen kleineren oder größeren Biegezahl Drahtbrüche entstehen werden. Kennzeichnend für die Drahtbruchkurven ist die große Streuung vom Entstehen der ersten Drahtbrüche bis zum Bruch des Seiles, die vor allem daher rührt, daß die einzelnen Drähte in den verschiedenen Bereichen des Seiles durch die nicht zu vermeidenden Ungleichmäßigkeiten beim Verseilen ziemlich verschieden beansprucht werden. Trotzdem erfolgt die Zunahme der Brüche aber mit einer gewissen Stetigkeit und Gleichmäßigkeit. Für die Beurteilung dient jeweils die Anzahl der Biegungen bis zum Entstehen von Drahtbrüchen und der Verlauf der Drahtbruchzunahme bis zum Bruch des Seiles oder bis zu einem bestimmten Schwächungsgrad.

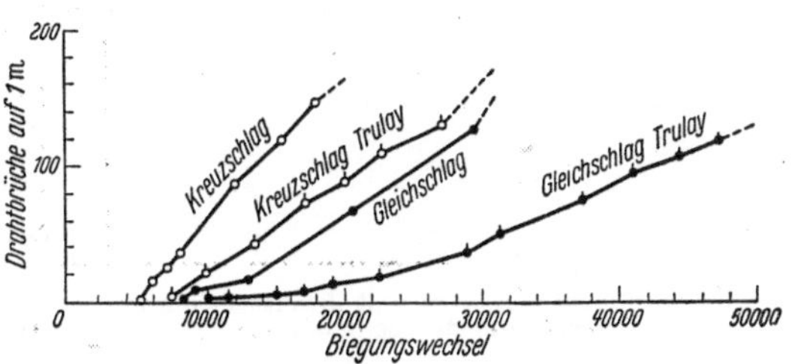

Abb. 29. Zerstörungsverlauf von Drahtseilen bei Dauerbiegeversuchen (nach WOERNLE [19])

Durch derartige Versuche läßt sich die Haltbarkeit verschiedener Seilmacharten im Hinblick auf ihre Drahtzahl und Drahtdicke, auf den Werkstoff, die Schlagart und die Schlagverhältnisse vergleichen. Weiter läßt sich der Einfluß der leichter zu erfassenden Betriebsverhältnisse, insbesondere der Belastung, des Scheibendurchmessers und der Ausbildung des Rillengrundes der Seilscheiben untersuchen, und es sind dabei schon außerordentlich wertvolle Erkenntnisse für die Praxis gewonnen worden. Andererseits wird aber durch sie auch klar, daß man beim Drahtseil von Biegebeanspruchungen im landläufigen Sinn gar nicht sprechen kann. Darunter wären die Zug- und Druckbeanspruchungen zu verstehen, die beim Biegen eines Körpers in den einzelnen Fasern entstehen, und die in den äußeren Fasern stets am größten sind. Wenn man nun Seile betrachtet, die auf einer Dauerbiegemaschine gebogen werden, und die immer mit der gleichen Seite in die Scheibenrille einlaufen, weil sie sich wegen ihrer verhältnismäßig geringen Länge während des Laufens nicht drehen, so zeigt sich, daß nur auf einer Seite des Seilumfanges Drahtbrüche entstehen, und zwar auf der im gekrümmten Zustand konkaven, dem Rillengrund zugewandten. Das Aussehen eines solchen Seilstückes ist in Abb. 30 wiedergegeben. Auch bei kürzeren Kran- und Aufzugseilen, die sich im Betrieb nicht merklich verdrehen, die also immer mit der gleichen Seite auf den Scheiben auflaufen, zeigt sich die Erscheinung. Im allgemeinen wurde dies im praktischen Betrieb nicht beobachtet, weil sich die Seile bei größeren Längen trotz der Führung an den Enden meist noch in sich drehen, und weil sie außerdem über die einzelnen Scheiben oft in verschiedenen Richtungen gebogen werden, so daß alle Stellen des Seilumfangs mit einer Rille in Berührung kommen. Die Drahtbrüche entstehen so am ganzen Umfang. Besonders bei Förderseilen, bei denen man immer schon ein Augenmerk auf die Drahtbrüche richtete, ist das der Fall. Man nahm also in der Regel rein gefühlsmäßig an, daß die Brüche in der äußersten, beim Biegen gestreckten Faser entstehen. Dadurch, daß sich diese Auffassung als unrichtig erwies, wird das ganze Bild der Drahtbeanspruchung im Seil ein anderes.

Abb. 30. Dauerbiegeprobe mit Drahtbrüchen auf einer Seite des Seilumfangs

Offensichtlich ist, daß die Stellen, an denen die Drahtbrüche entstehen, am stärksten beansprucht sind. Reine Druckspannungen, wie sie sonst an der Innenfaser eines gebogenen Körpers auftreten, kommen für den Draht als Zerstörungsursache nicht in Frage. Aus dem Aussehen der Bruchflächen, die die Merkmale von Dauerbrüchen aufweisen, geht außerdem hervor, daß es sich meist um Brüche handelt, die durch Biegen des Drahtes entstanden sind (s. a. Abschn. 9). Tatsächlich sind es wohl auch Biegebeanspruchungen, welche die Drähte an der Innenfaser des Seiles erleiden, sie sind aber nicht so einfach aufzufassen, wie es Reuleaux tat. In diesem Fall würden die Brüche auch nicht auf die beim Biegen des Seiles innen liegende Seite des Umfangs beschränkt bleiben. Es ist also, mindestens zusätzlich, eine andere Erklärung nötig.

Bei einem normal geschlagenen Seil überkreuzen sich die Drähte der einzelnen Lagen wegen ihrer verschiedenen *Schlaglängen* unter einem gewissen Winkel, wie in Abschn. 5 näher ausgeführt wird. Die Verhältnisse sind in Abb. 31 schematisch dargestellt. Danach kann man ein kurzes Element eines Drahtes, beispielsweise eines Außendrahtes, als Träger auf zwei Stützen auffassen. Die Auflager bilden die darunter liegenden Drähte. Beim Auflaufen eines Seiles auf eine Trommel oder Scheibe wird durch den anteilmäßig auf das Drahtelement entfallenden Querdruck eine Belastung aufgebracht, die dann ein gewisses Durchbiegen verursacht. Diese Art der Biegebeanspruchung bezeichnet man als *sekundär* [*11*], [*20*], [*21*], im Gegensatz zu der *primären*, von Reuleaux betrachteten. Die sekundäre Biegebeanspruchung erklärt — neben dem dreiachsigen Spannungszustand — den schon in Abschn. 2 mehrfach erwähnten starken Einfluß des Querdruckes auf das Seil, mit dessen Wachsen ja dann auch die Biegebeanspruchung des einzelnen Drahtes zunimmt. Diesen sekundären Biegungen sind offensichtlich auch die Drähte der Tragseile von Seilbahnen, Kabelkranen und Kabelbaggern, also eines Teiles der Seile von Gruppe 2, beim Darüberlaufen der Rollen ausgesetzt. Man ist deshalb bestrebt, den Raddruck möglichst niedrig zu halten. In der Praxis dient dabei als maßgebender Erfahrungswert für die Berechnung das *Raddruckverhältnis*, worunter man das Verhältnis von dem Raddruck zu der Zugbelastung des Seiles versteht. Bei Seilbahnen bewegt es sich, je nach der Art der Bahn, zwischen $\frac{1}{60}$ und $\frac{1}{80}$, bei sehr dichter Wagenfolge von Lastseilbahnen geht man sogar nur bis $\frac{1}{120}$ [*3*].

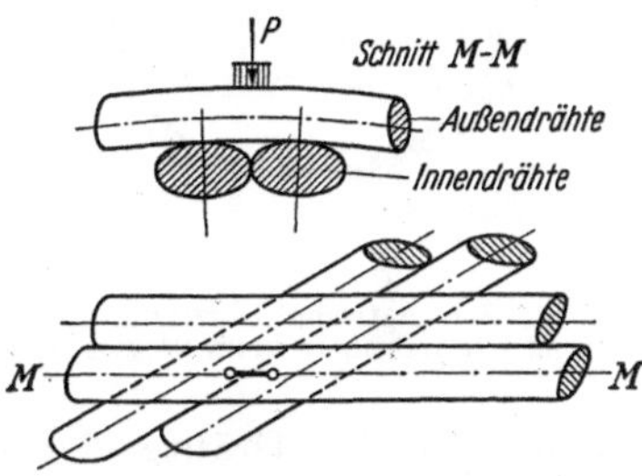

Abb. 31. Schematische Darstellung der sekundären Biegung eines Drahtes im Seil (nach Wyss [*20*], [*21*])

Für die Seile der Gruppe 1 umfaßt aber auch diese Erklärung noch nicht alle auftretenden Beanspruchungen. Beispielsweise muß die erheblich bessere Haltbarkeit der Gleichschlagseile gegenüber den Kreuzschlagseilen unter anderem auf die größere Steifigkeit der letzteren zurückgeführt werden, die ein Verschieben des Drahtes im Seil und damit ein gewisses Ausgleichen der Beanspruchungen erschwert. Man kann sich deshalb vielleicht noch eine zusätzliche Beanspruchungsart nach Abb. 32 wie folgt erklären. Der Außendraht ist an den

Stellen A und B mehr oder weniger fest zwischen den Nachbarlitzen und der Innenlage eingeklemmt. Beim Auflaufen in der Scheibenrille ist er außerdem noch am Seilumfang bei C zwischen der Innenlage und dem Rillengrund der Scheibe eingespannt. Wenn der Draht nun im geraden Zustand des Seiles die in der Abbildung ausgezogene Lage $A - C - B$ einnimmt, so erhält er bei gekrümmtem Seil die gestrichelte Lage $A' - C - B'$. Es tritt also beim Biegen des Seiles auch jedesmal ein zusätzliches Biegen des an der Seiloberfläche, und zwar auf der konkaven Seite liegenden Drahtelementes ein. Im Betrieb erfolgt somit eine dauernde Wechselbiegung der Drähte. Da die Außendrähte beim Kreuzschlag an den Berührungsstellen, also bei A und B in Abb. 32, schärfer und kürzer eingespannt sind als beim Gleichschlag, müssen im ersten Fall auch die Beanspruchungen größer sein. Die Drahtbrüche in Parallelschlagseilen (s. Abschn. 5), bei denen sich die Drähte der einzelnen Lagen nicht überkreuzen, in denen also keine sekundären Biegebeanspruchungen auftreten dürften, können ebenfalls auf diese Weise erklärt werden.

Abb. 32. Schematische Darstellung der Verformung eines Drahtes beim Biegen des Seiles

Die vorstehenden Darlegungen sollen lediglich ein gewisses Bild der möglichen Beanspruchungen und ihrer Vielfalt vermitteln und im übrigen verständlich machen, daß es nahezu unmöglich und aussichtslos ist, diese in eine praktisch anwendbare Formel zu kleiden. So muß man sich bei den Seilen beider Gruppen mit der Berechnung auf Zug unter Wahrung eines größeren oder kleineren *Sicherheitsfaktors*, der sich für die einzelnen Betriebsarten aus Überlegungen und praktischen Erfahrungen ergibt, begnügen.

Während nun die meisten Seile der Gruppe 1 unmittelbar nur in Längsrichtung belastet sind, werden bei den wichtigsten Seilen der Gruppe 2, den Tragseilen von Seilschwebebahnen, Kabelkranen und Kabelbaggern, die Lasten von einem horizontal oder geneigt gespannten Seil getragen. Bei den Seilbahnen ergibt sich die notwendige Zugbelastung des Seiles und damit die Größe des Spanngewichtes aus dem Raddruck und dem Wert für das Raddruckverhältnis. Die Anzahl der Stützen und die Spannweiten ergeben sich aus dem gewünschten oder zulässigen Durchhang. Die Biegungen werden wiederum nicht berücksichtigt. Grundsätzlich gleich verhält sich die Beanspruchung von Brückenseilen, bei denen an die Stelle des Spanngewichtes die Verankerung der Endmuffen im Fundament oder der Kräfteschluß innerhalb der Gesamtkonstruktion tritt. Wesentlich für den Bau der Brücke, vor allem für die Vorausbestimmung der Überhöhung der Brückenbahn, ist der Elastizitätsmodul der Seile, der vorher versuchsmäßig möglichst genau bestimmt werden muß, und der beispielsweise für schwere verschlossene Brückenseile in dem in Frage kommenden Belastungsbereich bei etwa 16000 kg/mm² liegt.

Wie schon erwähnt, ist nun bei der Berechnung auf Zug die Frage der einzuhaltenden Sicherheitszahl ausschlaggebend. Die Sicherheitszahl ist bei Seilen ebenso wie bei anderen Bauteilen gleich dem Quotienten $\frac{\textit{Bruchlast}}{\textit{Betriebslast}}$. Bei einem Seil werden aber drei verschiedene Arten der Bruchlast unterschieden, nämlich

1. Die *rechnerische Bruchlast*, worunter man das Produkt aus dem *tragenden Querschnitt*, also der Drahtzahl mal dem Drahtquerschnitt, einerseits und der gewählten *Zugfestigkeit* der Drähte andererseits versteht. Nach dieser wird die Machart festgelegt und das Seil bestellt.

2. Die *ermittelte Bruchlast*, womit man die Summe der an der Zerreißmaschine ermittelten Bruchlasten aller Drähte bezeichnet. Der Grund für diese Prüfart ist einmal der, daß nur verhältnismäßig wenige Seilereien und Prüfanstalten geeignete Zerreißmaschinen für *Zugversuche im ganzen Strang* an schweren Seilen besitzen. Weiter gewährt aber die Prüfung der einzelnen Drähte vor oder nach dem Verseilen, mit der gleichzeitig Biege- und Verwindeversuche verbunden werden, einen guten Einblick in die Beschaffenheit und Gleichmäßigkeit des Drahtwerkstoffs, über dessen Eigenschaften ein Zugversuch im ganzen Strang nichts aussagt.

3. Die *wirkliche Bruchlast*, die durch Zerreißen einer Seilprobe im ganzen Strang festgestellt wird.

Die ermittelte Bruchlast liegt im allgemeinen bis zu 8% über der rechnerischen. Das kommt daher, daß es unmöglich ist, die Drähte genau auf die beabsichtigte Festigkeit zu ziehen. Da die ermittelte Bruchlast des Seiles nun keinesfalls geringer sein soll als die in der Bestellung angegebene, die sich wiederum mit der rechnerischen deckt, so legt das Drahtwerk von vornherein den Durchschnitt der Drahtfestigkeit etwas höher, wobei natürlich auch ein oberer Grenzwert festzusetzen ist. Die wirkliche Bruchlast hängt, wie leicht verständlich ist, ebenfalls von der tatsächlichen Drahtfestigkeit und damit auch von der ermittelten Bruchlast ab und liegt bei einem gesunden Seil immer unter dieser. Einmal ist das der Fall, weil die Drähte nicht parallel, sondern geneigt zur Seilachse liegen und infolgedessen höher beansprucht werden. Sodann ist es unmöglich, alle Drähte genau unter der gleichen Spannung zu verseilen und so ein vollkommen gleichmäßiges Tragen herbeizuführen. Der Abfall der wirklichen Bruchlast gegenüber der ermittelten, der sogenannte *Verseilungsverlust*, richtet sich hauptsächlich nach der Anzahl der Drähte im Seil und beträgt im allgemeinen zwischen 7 und 15% [*9*], bei schweren Seilen bis 20%.

Was nun die Größe der einzuhaltenden Mindestsicherheit betrifft, so haben sich im Laufe der Zeit Erfahrungswerte herausgebildet, die für die wichtigeren Betriebsarten in behördlichen Vorschriften festgelegt und natürlich in den einzelnen Ländern etwas verschieden sind. Die nachstehende Tabelle gibt die für einige Betriebsarten üblichen Werte, die jedoch, hauptsächlich was die Schachtförderseile anlangt, in manchen Ländern noch unterschritten werden.

<table>
<tr><th rowspan="4">Betriebsart</th><th colspan="4">Mindestsicherheit der Seile unter Zugrundlegung der</th></tr>
<tr><th colspan="2">ermittelten</th><th colspan="2">wirklichen</th></tr>
<tr><th colspan="4">Bruchlast bei</th></tr>
<tr><th>Lasten-förderung</th><th>Personen-fahrt</th><th>Lasten-förderung</th><th>Personen-fahrt</th></tr>
<tr><td>Schachtförderung . . .</td><td>6—7</td><td>8—9</td><td>5—6</td><td>7—8</td></tr>
<tr><td>Krane . . . .</td><td>5—8</td><td>—</td><td>4,5—7</td><td>—</td></tr>
<tr><td>Aufzüge . . . .</td><td colspan="2">14</td><td colspan="2">12</td></tr>
<tr><td>nicht betretbar . . .</td><td>8—10</td><td>—</td><td>7—9</td><td>—</td></tr>
<tr><td>Seilbahnen</td><td></td><td></td><td></td><td></td></tr>
<tr><td>Tragseile . . . . . .</td><td colspan="2">3,5</td><td colspan="2">3</td></tr>
<tr><td>Zugseile . . . . . .</td><td>5,5—6,5</td><td>5—6</td><td>5—6</td><td>4,5—5,5</td></tr>
<tr><td>Einseilbahnen . . .</td><td colspan="2">5</td><td colspan="2">4,5</td></tr>
</table>

Die Berechnung der Sicherheitszahlen wird mit der jeweils höchsten statischen Betriebsbelastung durchgeführt. Die tatsächliche Sicherheit ist niedriger. Bei Zugrundlegen der ermittelten Bruchlast vermindert sie sich schon von vornherein durch den Verseilungsverlust. Dann kommt aber zu der statischen Betriebslast noch die dynamische durch Beschleunigungs- und Verzögerungskräfte und vor allem durch Schwingungen sowie die Beanspruchung durch Biegung. Die zusätzlichen dynamischen Beanspruchungen betragen beispielsweise bei Schachtförderungen mit Dampfantrieb öfters 60% der statischen. Dadurch, daß alle diese Umstände bei Festlegen der Mindestsicherheitszahlen in Betracht gezogen werden müssen, erklären sich die im Verhältnis zum übrigen Maschinenbau meist ziemlich hohen Werte. Vielfach ist außerdem berücksichtigt, daß die Seile auch nach einer gewissen Schwächung im Betrieb durch Rostangriff, Verschleiß oder Drahtbrüche noch eine genügende Sicherheit bieten müssen.

Für das Festlegen der Seilmachart wird nun aus der statischen Höchstbelastung im Betrieb, bei der übrigens auch das Seilgewicht zu berücksichtigen ist, und der gewünschten Sicherheitszahl die notwendige rechnerische Bruchlast bestimmt. Auf der anderen Seite ist die Bruchlast des Seiles wiederum das Produkt aus dem metallischen Querschnitt und der Zugfestigkeit des Drahtwerkstoffs. Wie der metallische Querschnitt zusammengesetzt ist, ob aus vielen dünnen oder aus wenigen dicken Drähten, und ob weiter die Drahtfestigkeit bei kleinerem Querschnitt hoch oder bei größerem Querschnitt niedrig ist, ist bei dieser Berechnung zunächst gleichgültig. Vom rein sicherheitlichen Standpunkt aus spielt dies auch, solange das Seil unbeschädigt ist, keine Rolle.

Nun haben natürlich Seile verschiedener Machart bei den gleichen Betriebsverhältnissen eine verschiedene Lebensdauer. Vom wirtschaftlichen Standpunkt aus ist es also außerordentlich wichtig, die Machart zu kennen, die im einzelnen Fall die größte Haltbarkeit erwarten läßt. Der einzige Weg, um die am besten geeignete Machart zu finden, ist aber eben nicht die Berechnung, sondern vielmehr die praktische Betriebserfahrung und die Prüfung der Seile auf dem Versuchsstand. Die Gesichtspunkte, die sich daraus für das Festlegen der Machart ergeben, werden in den beiden folgenden Abschnitten besprochen.

4. Drahtwerkstoff

Um aus der Seilbruchlast den notwendigen metallischen Querschnitt zu berechnen und die Art seiner Aufteilung in einzelne Drahtquerschnitte zu bestimmen, muß man zuerst die Eigenschaften des Drahtwerkstoffs und ihren Einfluß auf die Haltbarkeit der Seile kennen.

Abgesehen von wenigen Sonderfällen, auf die einzugehen sich im Rahmen dieses Buches erübrigt, werden Drahtseile stets aus kalt gezogenen oder, wenn es sich um Formdrähte handelt, vielfach auch kalt gewalzten Stahldrähten, die aus unlegiertem Kohlenstoffstahl bestehen, hergestellt, und zwar werden heute fast ausschließlich Drähte von 80 bis 200 kg/mm^2 mittlerer Zugfestigkeit verarbeitet. Seile aus weicheren Stahldrähten von 40 bis 80 kg/mm^2 Festigkeit kommen nur für untergeordnete Zwecke vor. Drähte mit wesentlich mehr als 200 kg/mm^2 Festigkeit lassen sich wohl ziehen, sind aber zur Seilherstellung wegen ihrer Sprödigkeit ungeeignet. Die zum Teil außerordentlich hohen Festigkeitswerte, verbunden mit einer großen Zähigkeit, werden durch die Kaltverformung beim Ziehvorgang, in den eine oder mehrere Zwischenvergütungen eingeschaltet werden, erreicht.

Dickere Runddrähte sowie Formdrähte können nicht über eine gewisse, von der Größe und Form des Querschnitts abhängige Festigkeit gezogen werden, weil sonst kein genügend gleichmäßiges Durcharbeiten des ganzen Querschnitts mehr gewährleistet ist. Die für jeden Durchmesser bzw. Querschnitt gebräuchlichen Festigkeitsbereiche sind aus dem Schaubild Abb. 33 zu entnehmen. Dabei ist unterschieden zwischen Runddrähten für mehrfach geschlagene Seile, Runddrähten für Spiralseile und Formdrähten, die ja hauptsächlich ebenfalls für Spiralseile in Frage kommen.

Für die Seile von *Gruppe 1*, also für die biegsamen Seile, werden heute Runddrähte bis zu 3,6 mm Durchmesser verarbeitet. Wenn man

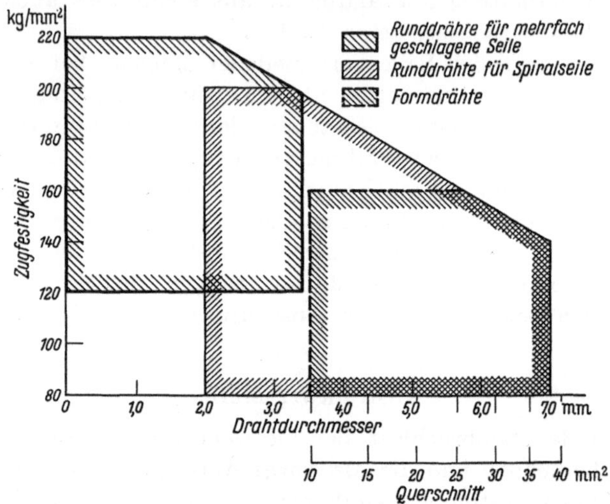

Abb. 33. Festigkeitsbereiche von Seildrähten in Abhängigkeit vom Drahtdurchmesser bzw. -querschnitt

von den Formdrähten im Kern der Dreikantlitzen und Flachlitzen absieht, kommt nach Abb. 33 für diese Gruppe der Festigkeitsbereich von 120 bis 220 kg/mm² in Betracht.

Im praktischen Betrieb wurde schon lange beobachtet, daß sich Seile aus weichen Drähten im allgemeinen besser bewähren als solche aus harten. Diese Beobachtungen decken sich auch mit den Ergebnissen von Dauerbiegeversuchen [*19*], [*23*], nach denen die Haltbarkeit der Seile bei gleicher statischer Sicherheit auf Zug unter sonst gleichen Versuchsbedingungen mit zunehmender Festigkeit abnimmt. Weitere Untersuchungen und Beobachtungen ergaben, daß ein und dasselbe Seil um so besser hält, je geringer die Belastung, je höher also die Sicherheit ist. Es ist jedoch zwecklos, die Sicherheit durch Erhöhen der Drahtfestigkeit zu vergrößern, denn dadurch wird die Lebensdauer des Seiles nicht verlängert. Maßgebend ist nämlich, ziemlich unabhängig von der Festigkeit, in erster Linie die Zugbeanspruchung.

Auf der einen Seite muß nun bei den verschiedenen Betriebsarten die jeweils vorgeschriebene Mindestsicherheit eingehalten werden. Bei einer Steigerung der Zugbeanspruchung muß also auch die Drahtfestigkeit höher gewählt werden. Infolge der höheren Zugbeanspruchung sinkt dann die Lebensdauer der Seile, nicht jedoch oder nicht ausschlaggebend, durch die höhere Drahtfestigkeit.

Auf der anderen Seite kann die Zugbeanspruchung nur bis zu einem gewissen Grad durch die Wahl eines größeren Seilquerschnitts kleiner gehalten werden, denn aus wirtschaftlichen Gründen müssen zu große Seilabmessungen und Seilgewichte vermieden werden. Für die praktische Bestimmung der Seilmachart ist es also zweckmäßig, in jedem Fall zu prüfen, mit welcher kleinsten Drahtfestigkeit man auskommen kann. Bei gegebener Sicherheit führt das auch zu einer möglichst kleinen Zugbeanspruchung. Am günstigsten würde man demnach unter Einhalten der nötigen oder vorgeschriebenen Mindestsicherheit mit Drähten von 120 bis 130 kg/mm² fahren, die innerhalb des erwähnten Festigkeitsbereiches die untere Grenze bilden. Meist ist man jedoch gezwungen, härtere Drähte zu verwenden, und zwar eben dann, wenn bei weichen Drähten der metallische Querschnitt und damit der Seildurchmesser oder aber das Seilgewicht zu groß ausfallen würden. Der Durchmesser darf häufig bei Seilen für Krane, Aufzüge, Seilpflüge und ähnliche Betriebe einen bestimmten Wert nicht überschreiten. Es sind dies Fälle, wo einmal nur verhältnismäßig schmale Trommeln zur Verfügung stehen, die bei einem zu dicken Seil keine genügende Anzahl Umschläge und damit keine genügende Seillänge aufnehmen können, und wo die Trommeldurchmesser zu klein sind, um bei dicken Seilen die Biegebeanspruchungen in erträglichen Grenzen zu halten. Das Gewicht ist besonders bei Hauptschachtförderseilen für große Teufen wesentlich, wo es einen erheblichen Anteil an der Gesamtbelastung hat und deshalb im Interesse eines wirtschaftlichen Betriebes zugunsten der Nutzlast im Rahmen des Möglichen klein gehalten werden muß. In solchen Fällen geht man bis zu einer mittleren Zugfestigkeit von 180 kg/mm², in Sonderfällen auch bis 200 kg/mm² und mehr. Bei Förderseilen bewegt sich die mittlere Zugfestigkeit im allgemeinen zwischen 140 und 180 kg/mm², bei größeren Teufen geht man jetzt sogar bis zu einer Nennfestigkeit von 190 kg/mm².

Wie bereits in Abschn. 2 erwähnt wurde, kann man bei gleichbleibendem Seildurchmesser den metallischen Querschnitt noch vergrößern, also gegebenenfalls die Drahtfestigkeit vermindern, durch Verwendung von Dreikantlitzen- und mehrlagigen Flachlitzenseilen, sowie vor allem von Seilen in verschlossener Ausführung, die dann allerdings bedeutend steifer sind. Eine weitere Möglichkeit, um dies zu erreichen, ist der Ersatz der Faserseele durch eine Drahtseele oder ein Innenseil. Auf die Nachteile, die man dabei in Kauf nehmen muß, wurde bereits in Abschn. 2 hingewiesen. Wo jedoch nicht der Seildurchmesser, sondern das Seilgewicht die ausschlaggebende Rolle spielt, bieten diese Maßnahmen keine Vorteile, und man muß eine höhere Festigkeit wählen.

Eine höhere Zugfestigkeit wird sich natürlich auch da günstig auswirken, wo die Seile starkem Verschleiß unterworfen sind, also bei Seilen für Schrapper und ähnliche Betriebe.

Bei den Seilen der *Betriebsgruppe 2*, vor allem bei den Tragseilen der Seilschwebebahnen, ist es wesentlich, die Beanspruchungen durch Biegung möglichst niedrig zu halten. Wie bereits in Abschn. 2 näher erläutert wurde, arbeitet man heute durchweg mit einer starken Seilspannung. Ein kleines Seilgewicht ist also sehr wesentlich, und man greift zu den oberen in Abb. 33 angegebenen Festigkeiten, man geht also bei nicht zu dicken Runddrähten bis zu 200 kg/mm², bei Formdrähten bis zu 160 kg/mm². Ähnliche Überlegungen gelten für die Tragseile von Kabelbaggern und Kabelkranen. Für Brückenseile, bei denen die Biegebeanspruchungen ohnehin keine wesentliche Rolle spielen, kann man ebenfalls härtere Drähte verwenden. Bei diesen Seilen sieht man allerdings auf eine möglichst gleichmäßige Festigkeit im ganzen Querschnitt, so daß bei verschlossenen Seilen auch die Festigkeit der Runddrähte meist nicht wesentlich höher gewählt wird als die der Formdrähte. Wenn also die Formdrähte eine Zugfestigkeit von 150 kg/mm² haben, wird man auch bei den Runddrähten nicht über 160 kg/mm² gehen.

Weiter ist bei der Auswahl des Drahtwerkstoffs noch zu entscheiden, ob blanke oder verzinkte Drähte verwendet werden sollen. Wenn keine Korrosionsgefahr vorliegt, und wenn eine gute Fettschmierung möglich ist, nimmt man *blanke* Drähte. Bei Anlagen, bei denen die Seile einer nassen Atmosphäre oder sauren Wassern oder Gasen ausgesetzt sind, empfiehlt es sich dagegen stets, Seile aus *verzinkten* Drähten zu verwenden. Vielfach werden gegen diese Seile Bedenken geltend gemacht, weil durch die Feuerverzinkung, welche die übliche Art des Verzinkens darstellt, die mechanischen Eigenschaften der Drähte, insbesondere die Biege- und Verwindefähigkeit bei den technologischen Kurzprüfungen schlechter werden. Bei vergleichenden Dauerbiegeversuchen [*19*], [*23*] mit Seilen aus blanken und solchen aus verzinkten Drähten ergab sich aber überraschenderweise, daß die aus verzinkten Drähten hergestellten teilweise bessere Laufzeiten erzielten als die aus blanken Drähten mit gleicher Zugfestigkeit bestehenden. Bei dünnen Verzinkungen war das immer der Fall, erst bei dicken Zinkauflagen wurde ein Abfallen der Haltbarkeit gegenüber den blanken Seilen beobachtet. Die Erklärung dieser zunächst merkwürdig erscheinenden Tatsache ist vermutlich die, daß das Zink gewissermaßen als Schmiermittel wirkt und die innere Reibung des Seiles verringert. In bezug auf die Widerstandsfähigkeit einer starken Verzinkung gegenüber der Korrosionswirkung werden beispielsweise bei Förderseilen, und zwar besonders bei Koepeförderung, sowie bei Unterseilen in nassen Schächten ganz ausgezeichnete Erfahrungen gemacht. Teilweise überdauern Seile aus verzinkten Drähten die blanken um ein Vielfaches, auch wenn die letzteren gut geschmiert und getränkt sind. Der starke Rostschutz, den gerade das Zink ausübt, beruht darauf, daß dieses Metall unedler ist als Eisen. Auch bei Verletzungen des Zinküberzugs, die ja an Druck- und Verschleißstellen unausbleiblich sind, wird durch die Bildung eines galvanischen Elementes zuerst das neben der Verletzung liegende Zink, nicht das Eisen angegriffen.

Voraussetzung für einen guten Rostschutz ist allerdings, und das muß immer wieder betont werden, daß die Zinkdicke ausreichend ist, die Zinkauflage soll je nach der Drahtdicke mindestens 100 bis 150 g auf 1 m² der Drahtoberfläche betragen. Mitunter werden Verfahren angewandt, bei denen der Draht nach dem Verzinken noch gezogen wird. Dadurch sollen sich die Poren des Überzugs schließen und auch dünnere Zinkschichten einen besonders guten Rostschutz gewähren. Für Seildrähte, die dem Verschleiß unterliegen, ist aber der Hauptwert unbedingt auf die Dicke der Zinkschicht zu legen, deren ursprünglicher Wert durch ein Überziehen ja wieder vermindert wird.

Das Abfallen der mechanischen Eigenschaften der Drähte durch den Verzinkungsvorgang kann vermieden werden durch ein Verzinken auf galvanischem Weg. Dies ist technisch in einwandfreier Weise durchführbar und wird auch vielfach angewandt, bei den guten Erfahrungen mit feuerverzinkten Drähten kann aber in dem galvanischen Verfahren kein wesentlicher Vorteil erblickt werden.

Bei einer stark angriffsfähigen Atmosphäre, vor allem bei schwefelsauren Wassern, empfehlen sich, sofern der Zinküberzug keinen genügenden Schutz bietet, *verzinkt-verbleite* Drähte. Den eigentlichen Schutz bildet hier der Bleiüberzug, während das Zink nur als Bindemittel zwischen Stahl und Blei nötig ist.

Erwähnt soll noch werden, daß es auch technisch möglich ist, Seildrähte aus *nichtrostendem Stahl* in den gebräuchlichen Festigkeiten mit befriedigenden mechanischen Eigenschaften herzustellen. Der Preis beträgt jedoch ein Vielfaches von dem für verzinkte Drähte, so daß eine Verwendung für normale Seile nicht in Frage kommt.

5. Aufteilung des Seilquerschnitts: Drahtdurchmesser und Drahtzahl, Anordnung der Drähte

Wichtig ist zunächst die Wahl des *Drahtdurchmessers*. Insbesondere bei den Seilen der Betriebsgruppe 1 darf man einerseits die Drähte nicht zu dick machen, weil ja sonst die im einzelnen Draht auftretenden

Biegebeanspruchungen zu hoch würden. Ebenso verfehlt ist es aber andererseits, den Drahtdurchmesser zu klein zu wählen. Die Erfahrung hat vielmehr gezeigt, daß es im allgemeinen günstiger ist, wenige dickere als viele dünne Drähte zu verwenden.

Würde man den Biegebeanspruchungen der Drähte einen maßgebenden Einfluß bei der Bestimmung ihres Durchmessers einräumen, wie dies bei einer Berechnung auf Biegung, vor allem nach REULEAUX der Fall sein müßte, so erschiene es am zweckmäßigsten, die Seile aus möglichst dünnen Drähten herzustellen. Gewiß werden nun dünne Drähte bei gleicher Seildicke und gleichem Krümmungsdurchmesser weniger auf Biegung beansprucht als dicke. Maßgebend für die Haltbarkeit ist aber nicht allein eine geringe Biegebeanspruchung, sondern auch der Einfluß des Verschleißes und, sofern das Seil unter ungünstigen atmosphärischen Bedingungen arbeitet, derjenige des Rostes. Diesen beiden Einflüssen wird ein dicker Draht besser widerstehen als ein dünner. Aber noch ein anderer Gesichtspunkt spricht gegen die Verwendung sehr vieler dünner Drähte. Diese müssen in entsprechend vielen Lagen verlitzt oder verseilt werden. Je mehr Drahtlagen nun vorhanden sind, desto schwieriger ist es, einen gleichmäßigen und festen Schlag zu erzielen. Trotz des hohen Standes der Seilereitechnik sind kleinere Unregelmäßigkeiten bei der Herstellung unvermeidlich. Sie summieren sich bei Anordnung übermäßig vieler Drähte in einem Querschnitt und führen im Betrieb leicht zu einer ungleichmäßigen Beanspruchung der Drähte, auch können sie den Anlaß zu Formänderungen des Seiles bilden.

Richtig ist es, einen Mittelweg zu gehen und ein gewisses Verhältnis von Seildurchmesser und Drahtdurchmesser einzuhalten. Bei den Seilen der Betriebsgruppe 1 kann man, falls nicht die Betriebsverhältnisse eine außergewöhnlich große Biegsamkeit wünschenswert machen, für die Berechnung des größten im Seil vorkommenden Drahtdurchmessers die Faustformel

$$\delta = \frac{d}{30} + 1$$

als Anhalt nehmen. δ bedeutet darin den Drahtdurchmesser und d den Seildurchmesser, beide Werte in mm. Beispielsweise würde die Formel für ein 40 mm dickes Seil einen Drahtdurchmesser von 2,3 mm, für ein 60 mm dickes einen solchen von 3,0 mm ergeben. Bei dünneren Seilen bis etwa 30 mm Durchmesser wird man allerdings die Drahtdicke besser etwas kleiner nehmen, bei einem 30 mm dicken Seil ist z. B. ein Drahtdurchmesser von 1,8 mm günstiger als ein solcher von 2,0 mm, der sich aus der Formel ergeben würde. Ebenso wird man bei Kran- und Aufzugseilen wegen der verhältnismäßig kleinen Rollen- und Trommeldurchmesser in diesen Betrieben etwas dünnere Drähte wählen. Dagegen weisen Förderseile in verschlossener Machart meist dickere Drähte auf, um die Drahtzahl und vor allem die Anzahl der Drahtlagen in tragbaren Grenzen zu halten. Hier geht man beispielsweise bei 40 mm dicken Seilen schon bis zu einem Durchmesser von 2,7 mm für die Runddrähte und einer Höhe von 3,5 mm für die Formdrähte der Decklagen.

Bei den Seilen für die Betriebsgruppe 2 kann, sofern es sich um einfach geschlagene Seile handelt, die Drahtdicke verhältnismäßig groß werden. Wie bereits bei der Beeprechung des Drahtwerkstoffs in Abschn. 4 gesagt wurde, werden hier Runddrähte bis zu 7 mm Durchmesser und Formdrähte bis zu 38 mm² Querschnitt verwendet. Diese großen Drahtquerschnitte sind natürlich nur in solchen Fällen möglich, wo die Seile sehr wenig auf Biegung beansprucht werden. Wo dagegen eine größere Biegsamkeit nötig ist, muß die Drahtdicke entsprechend kleiner sein. Wenn ein möglichst geringes Seilgewicht angestrebt und infolgedessen eine höhere Drahtfestigkeit notwendig wird, ist man ohnehin gezwungen, dünnere Drähte zu verwenden. Bei Brückenseilen kann man ebenfalls ziemlich dicke Drähte nehmen. Voraussetzung ist dann allerdings, daß die Schuhe der Pylonen, auf denen die Seile aufliegen, einen genügend großen Krümmungshalbmesser haben. Verschiedentlich wird bei großen Seilhängebrücken durch die Bauleitung zur Bedingung gemacht, daß die Seile keine Lötstellen von Drähten enthalten dürfen. Dadurch ist man bei einer größeren Seillänge gezwungen, die Drähte dünner zu machen, als dies an sich nötig wäre. Das Gewicht der Knüppel, die das Ausgangsprodukt für die Drahtherstellung bilden, kann nämlich nicht unbegrenzt groß genommen werden, weil sonst kein handliches Arbeiten mit den Drahtringen mehr möglich ist. Wenn also ein Draht von einer bestimmten Länge aus einem Knüppel hergestellt werden muß, so ist dadurch ein Höchstwert seines Querschnitts gegeben.

Was nun die *Anordnung der Drähte* anlangt, so wurde bereits in Abschn. 2 gesagt, daß das einfach geschlagene Seil oder die Litze in jedem Fall das einfachste aus mehreren Drähten bestehende Element darstellt. Zuerst muß also der Aufbau der gewöhnlichen Spiralseile und der grundsätzlich gleichbedeutenden Rundlitzen besprochen werden. Am einfachsten gestaltet sich die Querschnittsaufteilung, wenn man ein Seil aus lauter gleich dicken Runddrähten herstellt. Bei den gebräuchlichsten Macharten wird um einen Einlagedraht zunächst eine Lage von 6 Drähten geschlagen. Würden diese Drähte parallel zum Kerndraht, also zur Seil- oder Litzenachse liegen, so würden sie im Seil- oder Litzenquerschnitt als Kreise auftreten, was der linken Hälfte von Abb. 34 entsprechen würde. Der Kerndraht könnte genau den gleichen Durchmesser wie die übrigen Drähte haben. Nach den Grundzügen der

Geometrie würde in diesem Fall jeder Draht gleichzeitig seine beiden Nachbardrähte und den Kerndraht berühren. Da die Drähte nun in einem Winkel zum Kerndraht liegen, bilden sie im Seil- oder Litzenquerschnitt keine Kreise, sondern Ellipsen. Der Kreis, den sie umschließen, ist also größer als ihr eigener Durchmesser. Die Verhältnisse werden aus dem rechten Querschnitt der Abb. 34, der allerdings übertrieben gezeichnet ist, klar. Um ein gegenseitiges Quetschen der Drähte zu vermeiden, empfiehlt es sich deshalb stets, den Einlagedraht etwas dicker als die übrigen Drähte zu nehmen. Während man bei Litzenseilen im allgemeinen im Rahmen der Toleranzen einen etwas dickeren Draht als Kerndraht aussucht, nimmt man bei schwereren Spiralseilen den Kerndraht bis zu 20%, also einige Zehntelmillimeter dicker als die übrigen Drähte. Es ist immer günstiger, wenn die Unterlage, hier also der Kerndraht, den Druck aufnimmt, und die Drähte etwas seitliches Spiel haben, als wenn sich die Drähte einer Lage gegenseitig drücken. Im letzteren Fall treten leicht Verlagerungen von Drähten ein, die durch ihre Nachbardrähte nach außen gedrückt werden.

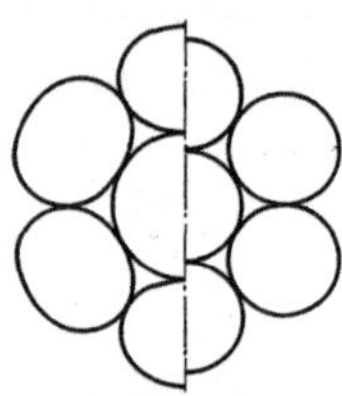

Abb. 34 Querschnitt eines parallelen Drahtbündels (links) und einer Litze (rechts)

Der Einlagedraht besteht meist aus demselben Stahl wie die übrigen Drähte und wird auch als tragend mitgerechnet. Seltener stellt man ihn aus weichem oder weich geglühtem Stahl her. Der Zweck, der damit verfolgt wird, soll außer einer weicheren Auflage für die verseilten Drähte eine größere Dehnbarkeit des Kerndrahtes sein, der ja auch bei Belastung tatsächlich etwas mehr gedehnt und infolgedessen höher beansprucht wird als die verseilten Drähte. Die Erfahrung hat aber gezeigt, daß auch dann keine Brüche im Kerndraht entstehen, wenn er gleich hart ist wie die übrigen Drähte, und so verzichtet man nicht gern auf seine Tragkraft.

Die zweite Lage umfaßt nun 12, die dritte 18 Drähte, in jeder Lage sind sechs Drähte mehr als in der vorhergehenden. Genau genommen ist seitlich etwas mehr Platz, es ist aber hier wie bei der ersten Lage ebenfalls günstiger, wenn die Drähte gegenseitig Spiel haben und sicher auf ihrer Unterlage aufliegen, als wenn sie zu wenig Platz haben und sich gegenseitig quetschen. Das ist auch der Grund dafür, daß viele Seilereien bei Spiralseilen mit zahlreichen Drahtlagen einige Lagen einschalten, die anstatt sechs nur fünf Drähte mehr haben als die jeweils vorhergehende.

Einfach geschlagene Seile (s. Querschnitt in Abb. 1) weisen bis zu 5 Runddrahtlagen auf, über den Runddrähten liegen dann bei verschlossenen Seilen noch die Formdrähte in einer oder mehreren Lagen (s. Querschnitte Abb. 7, 23, 24 und 26). Schwere Brückenseile haben einschließlich der Formdrähte bis zu 9 Lagen.

Bei einfachen Litzenseilen, die in den meisten Fällen aus 6 um eine Faserseele geschlagenen Litzen bestehen, kommen bis zu 4 Lagen in einer Litze vor, jede Litze hat dann also einschließlich des Kerndrahtes 7, 19, 37 oder 61 gleich dicke Drähte. Diese vier gebräuchlichen Macharten sind im Querschnitt in Abb. 35 dargestellt. Die Machart mit einer Faserseele und 6 Litzen zu je 7 Drähten, die auch einfach mit 6×7 bezeichnet wird, empfiehlt sich im allgemeinen nicht, da sie infolge der im Verhältnis zum Litzendurchmesser dicken Drähte ungünstige Berührungsverhältnisse ergibt. Gut bewähren sich die Macharten 6×19 und 6×37, und zwar sowohl für kleinere Seile als auch für Förderseile. Die Machart 6×61 wird vielfach für Kranseile gewählt, sie muß aber als ungünstig angesehen werden. Aus den zu Beginn des vorliegenden Abschnitts erläuterten Gründen sind Litzenseile mit vier Drahtlagen in einer Litze nicht zu empfehlen, besonders auch deshalb, weil die Drähte dann im Verhältnis zum Seildurchmesser sehr dünn werden. In noch ausgesprochenerem Maß gilt das für Seile mit fünf Lagen, also mit 91 Drähten in einer Litze, die unbedingt zu vermeiden sind. Eine feinere Unterteilung, die hauptsächlich bei Förderseilen öfters nötig ist, um den passenden metallischen Querschnitt zu erhalten, erzielt man noch mit Litzen, deren Innenlage aus 3, 4 oder 5 Drähten besteht. Die Ausführung mit 3 Innendrähten ist allerdings wegen der weniger guten Auflage der Drähte der zweiten Lage ungünstig. Bei 5, besser schon bei 4 Drähten wird ein dünnerer Kerndraht eingelegt. Bei den nächsten Lagen geht man ebenfalls um jeweils 6 Drähte weiter. Die Anordnung der Drähte ist in Abb. 36 zu erkennen. Auch hier gilt für die vierlagigen Litzen, was für die Machart 6×61 gesagt wurde. Eine weitere Unterteilung läßt sich erreichen, wenn man das Seil statt aus 6 Litzen aus 5, 7 oder 8 Litzen herstellt. Bei der fünflitzigen Machart schmiegen sich die Drähte am Seilumfang zu wenig der zylindrischen Mantelfläche an. Die Berührungsverhältnisse in den Scheibenrillen werden dadurch ungünstiger, was zu einem

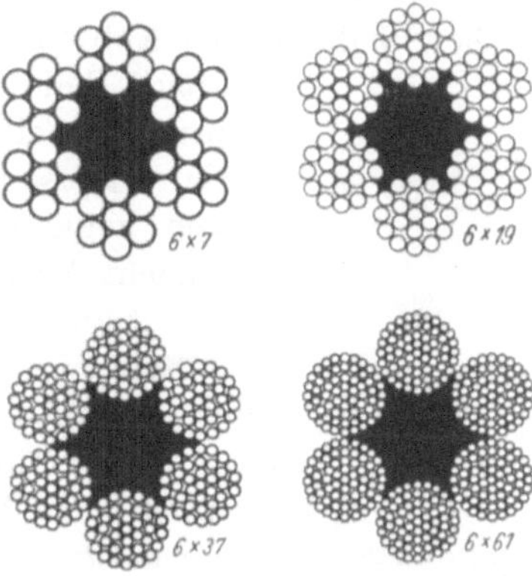

Abb. 35. Litzenseile aus gleich dicken Drähten mit einem Kerndraht und 1 bis 4 Drahtlagen in jeder Litze

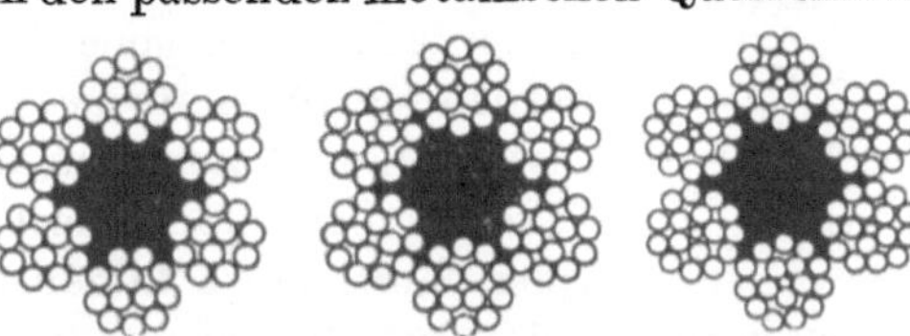
Abb. 36. Litzenseile aus gleich dicken Drähten mit 3, 4 und 5 Drähten in der Innenlage der Litzen

erhöhten spezifischen Seitendruck der Drähte führt. Die Machart ist deshalb nicht zu empfehlen. Dagegen sind achtlitzige Seile mit 37 Drähten je Litze als Ersatz für die Macharten 6 × 61 durchaus geeignet.

Eine größere Biegsamkeit als bei den besprochenen Macharten erhält man, wenn man ins Innere der Litzen ebenfalls eine Faserseele legt und die Drähte um diese herumschlägt. Der Querschnitt eines solchen Seiles ist in Abb. 37 wiedergegeben. Besonders geeignet sind derartige Seile als Tauwerk für Schiffe. Für höher beanspruchte Seile, vor allem für Kran-, Aufzug- und Förderseile, ist die Machart ungeeignet, weil die Fasereinlage keine sichere Auflage für die Drähte bildet, was leicht Verlagerungen von Drähten zur Folge hat.

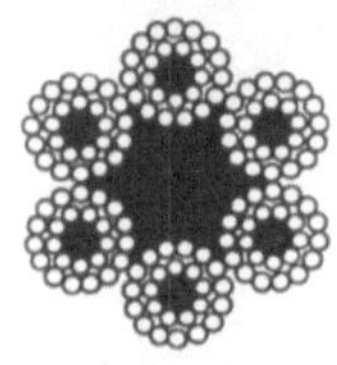

Abb. 37. Litzenseil mit Faserseelen in den Litzen

Es ist nun durchaus nicht notwendig, daß alle Drähte eines Seiles gleich dick sind. Um einerseits den Vorteil dünner Drähte für die Biegsamkeit und andererseits den dicker Drähte für die Widerstandsfähigkeit gegenüber Rost und Verschleiß zu vereinigen, kann man eine sogenannte *Verbundmachart* wählen. Bei dieser liegen im Innern der Litzen dünne, darüber eine oder auch zwei Lagen dickere Drähte. Die erste dickdrähtige Lage hat hier natürlich nicht sechs Drähte mehr als die vorhergehende, wie das bei gleicher Drahtdicke der Fall wäre, Drahtzahl und Drahtdicke sind vielmehr rechnerisch oder zeichnerisch in Einklang zu bringen. Die inneren Drähte können hier dünner, die äußeren etwas dicker als nach den am Anfang des vorliegenden Abschnitts gegebenen Richtlinien gewählt werden. Solche Macharten kommen für einfach geschlagene Seile seltener vor, hauptsächlich werden sie für einfache Litzenseile verwendet. In gewissem Sinn kann man allerdings auch verschlossene Seile als Verbundmachart auffassen. Abb. 38 zeigt den Querschnitt eines Litzenseiles in Verbundmachart, die Litzen bestehen hier aus 7 dünnen und 9 dickeren Drähten. Die Verbundmachart ist durch die widerstandsfähigen Außendrähte auch günstig für die Betriebsarten, bei denen die Seile über steinigen Boden gezogen werden, wie bei Schrapperbetrieben in Steinbrüchen und im Erzbergbau. Man hat hier auch schon mit Erfolg die Litzen mit dünnen Form- oder Flachdrähten armiert, um ihnen eine möglichst glatte und wenig angriffsfähige Oberfläche zu geben.

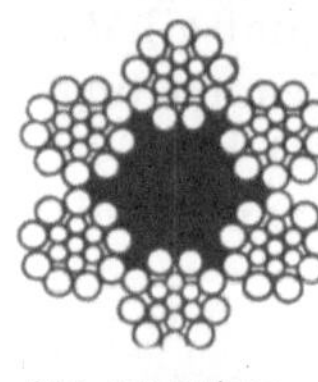

Abb. 38. Litzenseil in Verbundmachart

Bei Flachlitzen- und Dreikantlitzenseilen (s. Querschnitte in Abb. 11 und 12) wird ebenfalls meist die erste über die formgebende Litzeneinlage geschlagene Drahtlage aus dünneren Drähten hergestellt, auch sie stellen in diesem Sinn Verbundmacharten dar. Diese Ausführung ist insofern günstig, als dünne Drähte durch die mehr oder weniger scharfen Knicke, die an den Kanten des Kerns entstehen, weniger beansprucht werden als dickere. Zu erwähnen ist, daß Dreikantlitzenseile der Litzenform entsprechend immer aus 6 Litzen bestehen müssen. Derartige Seile haben natürlich durch die dünneren Innendrähte auch eine etwas größere Biegsamkeit, genau wie die Verbundmachart bei Rundlitzenseilen. Die Anzahl der Drähte, die in den einzelnen Lagen unterzubringen ist, läßt sich ebenfalls rechnerisch oder zeichnerisch ermitteln. Wenn irgend möglich, soll man die Zahl der Drahtlagen über dem Litzenkern auch bei schweren Dreikantlitzenseilen auf zwei beschränken, Förderseile in Dreikantlitzenmachart mit drei Lagen über dem Litzenkern bewähren sich erfahrungsgemäß weniger befriedigend.

Bei den mehrlagigen Rundlitzenseilen ist die Anordnung der einzelnen Litzen im Seil genau so wie die der Drähte in einer Litze. Wenn alle Litzen gleich dick sind, liegen beispielsweise um eine Faserseele oder eine Kernlitze zunächst 6 Litzen, um diese 12 usw. (s. Querschnitt Abb. 22). Jede Litzenlage weist wiederum sechs Litzen mehr auf als die vorhergehende. Wenn, was öfter der Fall ist, die Außenlitzen dicker sind als die Innenlitzen, so ist ihre Anzahl natürlich entsprechend kleiner. Ein Beispiel dafür bietet der Querschnitt des Förderseils Abb. 20. Was über die mehrlagigen Rundlitzenseile gesagt wurde, gilt sinngemäß auch für die mehrlagigen Flachlitzenseile (Abb. 21). Die Anzahl der Litzen in den einzelnen Litzenlagen richtet sich dabei nach deren Form und Abmessungen.

Der größte Durchmesser von Förderseilen, die ja die schwersten Seile der Gruppe 1 darstellen, liegt bei etwa 72 mm, wobei die rechnerische Bruchlast rund 375 t beträgt. Wenn auch technisch keine Schwierigkeiten bestehen, Seile von noch größerem Durchmesser, auch in Dreikantlitzen- oder in Spirallitzenmachart, herzustellen, so dürfte dieser Wert doch die obere praktisch brauchbare Grenze darstellen. Solche Seile haben mit über 20 kg auf das laufende Meter immerhin ein erhebliches Gewicht und sind deshalb vor allem beim Auf- und Ablegen schon sehr schwer zu handhaben.

Die Weiterentwicklung zeichnet sich deshalb bei dem heute zur Verfügung stehenden Drahtwerkstoff durch den Übergang zur Mehrseilförderung [*14*], [*15*] ab, bei der zwei oder vier entsprechend dünnere Seile parallel auf der Treibscheibe laufen. Diese Seile sind zum Ausgleich des Dralls abwechselnd rechts- und linksgängig geschlagen. Besondere Vorrichtungen an den Aufhängungen der Schachtfahrzeuge, also der Förderkörbe oder -gefäße, sorgen, sofern nötig, für Spannungsausgleich. Übrigens sind solche Mehrseilbetriebe im Aufzugbau schon seit längerer Zeit weitgehend gebräuchlich.

Auf die obere Begrenzung der Seile der Gruppe 2, deren größte Durchmesser bei den Brückenseilen zu finden sind, wurde bereits in Abschn. 2 auf S. 25 eingegangen.

Bei allen bisher besprochenen Macharten schlägt man nun die einzelnen Drahtlagen im gleichen Winkel. Wie leicht verständlich ist, soll dadurch erreicht werden, daß die Zugbelastung von sämtlichen Drähten des Seiles gleichmäßig aufgenommen wird. Die Verhältnisse, die bei dieser Schlagart vorliegen, sollen an Hand der Abb. 39 unter Zugrundlegung eines einfach geschlagenen Seiles aus 19 Drähten erklärt werden. Es handelt sich also um ein zweilagiges Seil. Der *Schlagwinkel*, womit man die Neigung der Drähte zur Seil- oder Litzenachse bezeichnet, sei α, die Länge des betrachteten Seilstückes L. AB stellt dann die Abwicklung der Schraubenlinie dar, in der die Drahtachse verläuft. Da nun α für beide Lagen gleich groß ist, kann AB als Abwicklung sowohl eines Außendrahtes als auch eines Innendrahtes angesehen werden. Die Strecke AC ist eine Parallele zur Seilachse durch den Punkt A. In dem rechtwinkligen Dreieck ABC ist dann $AC =$ Seillänge L und $AB =$ Drahtlänge l. Beide Seiten schließen den Winkel α ein. Weiter ist die dritte Seite $BC = n \cdot \pi \cdot d_m$, wobei n die Anzahl der Windungen auf der Seillänge L und d_m der mittlere Windungsdurchmesser der jeweiligen Drahtlage ist. Aus der Tatsache, daß L und α für alle Lagen gleich sind, folgt zunächst, daß auch die Drahtlänge l in allen Lagen die gleiche ist. Dies ist dem praktischen Seiler bekannt, es ist eine alte Handwerksregel, daß ein Seil dann „richtig" geschlagen ist, wenn alle Drähte gleich lang sind. In die Theorie übersetzt heißt das also, wenn der Schlagwinkel in allen Lagen gleich ist. Kleinere Unterschiede, die öfter durch die Praxis der Herstellung bedingt sind, ändern das Grundsätzliche daran nicht. Weiter folgt aus der Abbildung, daß auch das Produkt $n \cdot \pi \cdot d_m$ für alle Lagen gleich ist. Da aber der Windungsdurchmesser d_m verschieden ist — d_{m_2} ist größer als d_{m_1}, bei gleicher Drahtdicke aller Lagen ist d_m in jeder Lage um den doppelten Drahtdurchmesser größer als in der vorhergehenden —, so ist auch die Anzahl n der Windungen auf der Seillänge L und damit die Windungshöhe oder *Schlaglänge* $h = \pi \cdot d_m \cdot \operatorname{ctg} \alpha$ verschieden, und zwar haben die Drähte einen um so längeren Schlag, je größer d_m ist, je weiter außen sie also liegen. Bei gleichem Schlagwinkel verlaufen demnach die Drähte der verschiedenen Lagen nicht parallel, sondern sie

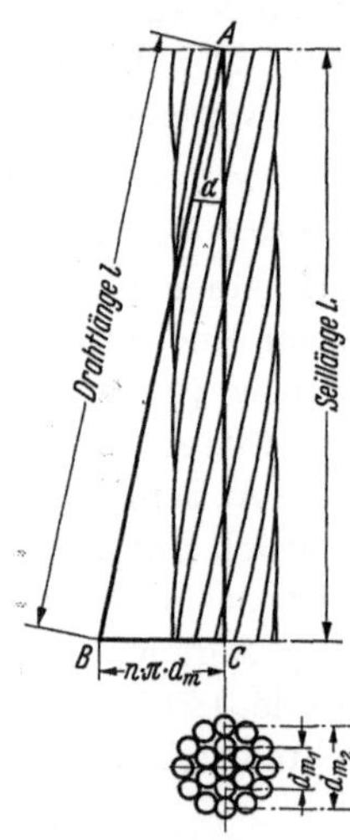

Abb. 39. Schematische Darstellung der Schlagverhältnisse bei normalen Litzen

müssen sich überkreuzen. Dieses Überkreuzen hat, wie in Abschn. 3 erläutert ist, das Auftreten der sekundären Biegebeanspruchungen zur Folge.

Eine neuere Schlagart, der sogenannte *Parallelschlag*, der verkörpert wird durch die *Seale*-, *Warrington*- und *Fülldraht*-Macharten und ihre Kombinationen, beruht auf einer anderen Grundlage. Bei diesen Macharten, die man vor allem bei Litzenseilen anwendet, ist nicht der Schlagwinkel der einzelnen Drahtlagen gleich, sondern die Schlaglänge. Die Länge der Drähte ist also um so größer, je weiter außen sie liegen.

Am häufigsten von den Parallelschlagmacharten werden wohl Seale-Seile ausgeführt. Abb. 40 zeigt den Querschnitt eines solchen Seiles. Bei oberflächlicher Betrachtung könnte man wegen der dünnen Innendrähte und der dicken Außendrähte annehmen, daß es sich um eine normale Verbundmachart handelt. Das Wesentliche ist aber, daß die dicken Außendrähte in den Rillen zwischen den Innendrähten liegen. Die Drähte beider Lagen, deren Zahl entgegen der einfachen Verbundmachart stets dieselbe sein muß, verlaufen also parallel. Der Durchmesser der dicken Drähte ist dabei von dem Durchmesser der dünnen und von der Drahtzahl abhängig. Einerseits liegen ja die dicken Drähte in den Rillen zwischen den dünnen, sie berühren diese also, andererseits müssen sie sich, wenigstens theoretisch, auch gegenseitig berühren. Ein kleines Spiel zwischen den Außendrähten ist allerdings ratsam, denn wenn eine vollkommene Berührung angestrebt wird, kann leicht der Fall eintreten, daß die Außendrähte zu dick ausfallen und sich gegenseitig quetschen, wodurch keine gute Auflage auf den Innendrähten mehr gewährleistet wäre. Das Verhältnis von Außendrahtdurchmesser zu Innendrahtdurchmesser ist um so größer, je kleiner die Anzahl der Drähte ist. Wenn δ_1 der Durchmesser der Innendrähte und δ_2 derjenige der Außendrähte ist, so ist z. B. bei 15 Drähten in jeder Lage $\delta_2 = 1{,}3 \cdot \delta_1$, bei 9 Drähten dagegen ist $\delta_2 = 1{,}7 \cdot \delta_1$. Es leuchtet nun ein, daß bei noch kleinerer Drahtzahl entweder die Innendrähte außerordentlich dünn oder aber die Außendrähte zu dick würden. Beides ist nicht wünschenswert. Man nimmt deshalb die Drahtzahl einer Lage gewöhnlich nicht kleiner als 9. Wenn man einen dicken Kerndraht vermeiden will, kann man ihn durch 3 oder 4 entsprechend dünnere Drähte ersetzen, die dann normal, also kürzer als die darüberliegenden Drähte geschlagen werden. Ebenso wird man bei mehr als 9 Drähten einen Kern aus normal geschlagenen Drähten herstellen. Was den Drahtdurchmesser anlangt, so kann er für die dicken Außendrähte bei Seale-Seilen etwas größer gewählt werden, als sich nach den am Anfang dieses Abschnitts beschriebenen Grundsätzen

Abb. 40. Litzenseil in Seale-Machart

ergeben würde, dadurch werden gleichzeitig zu dünne Innendrähte vermieden.

Bei der Warrington-Machart, die durch den Querschnitt in Abb. 41 gekennzeichnet ist, liegen in den Rillen der Innendrähte gleich dicke Außendrähte. Die Zwischenräume zwischen den Außendrähten werden durch entsprechend dünnere Drähte ausgefüllt, so daß eine ziemlich glatte Litzenoberfläche entsteht.

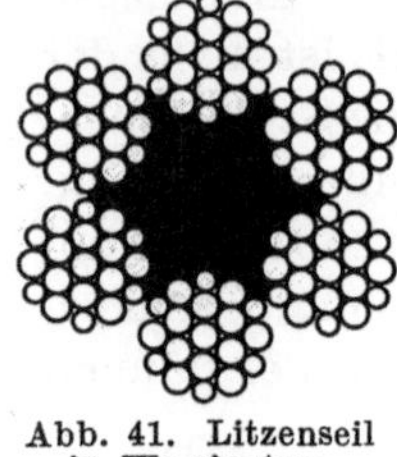

Abb. 41. Litzenseil in Warrington-Machart

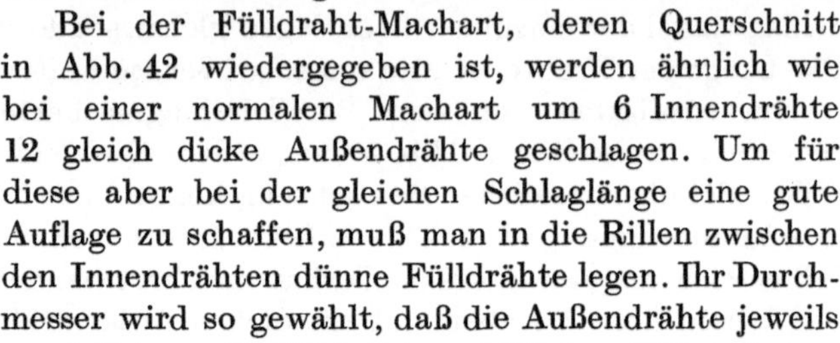

Bei der Fülldraht-Machart, deren Querschnitt in Abb. 42 wiedergegeben ist, werden ähnlich wie bei einer normalen Machart um 6 Innendrähte 12 gleich dicke Außendrähte geschlagen. Um für diese aber bei der gleichen Schlaglänge eine gute Auflage zu schaffen, muß man in die Rillen zwischen den Innendrähten dünne Fülldrähte legen. Ihr Durchmesser wird so gewählt, daß die Außendrähte jeweils in den durch Innendrähte und Fülldrähte gebildeten Rillen liegen.

Die Parallelschlagmacharten wurden zuerst in den Vereinigten Staaten hergestellt. Der ursprüngliche Zweck ihrer Einführung war ein vereinfachtes Herstellungsverfahren. Durch die gleiche Schlaglänge von zwei Lagen war die Möglichkeit gegeben, diese gleichzeitig in einer Maschine aufzubringen, was bei verschiedenen Schlaglängen nicht möglich ist. Bei den Parallelschlagseilen werden nun die Innendrähte wegen ihres im Verhältnis zu den Außendrähten kleineren Schlagwinkels stärker auf Zug beansprucht als diese. Trotz der ungleichen Zugbeanspruchung der Drähte in den verschiedenen Lagen zeigten die Seile aber im Betrieb überraschenderweise vielfach bessere Ergebnisse als Seile normaler Schlagart, so daß sie sich überall weite Anwendungsgebiete erobert haben. Der Grund für die gute Bewährung ist in dem Fehlen von Überkreuzungsstellen zu erblicken. Der seitliche Druck wird durch die Außendrähte gleichmäßig auf die Innendrähte übertragen, so daß punktförmige Berührungsstellen mit hohem spezifischem Druck vermieden werden. Der Vorteil, den dies für die Beanspruchung der Drähte bedeutet, wird aus den bereits in den Abschn. 2 und 3 dargelegten Gründen verständlich. Die sekundären Biegebeanspruchungen der Drähte werden auf ein Kleinstmaß beschränkt, was sich besonders auch bei ruckweisem Arbeiten der Seile günstig auswirken muß.

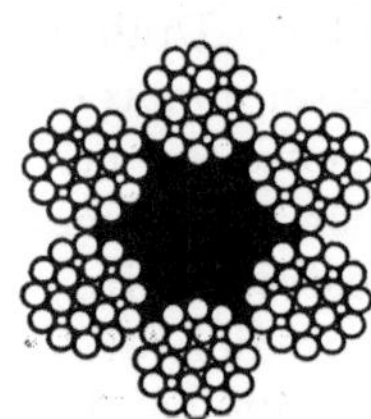

Abb. 42. Litzenseil in Fülldraht-Machart

Diese Überlegungen führten dazu, den Parallelschlag auch auf andere Seilarten auszudehnen. In England ist man mit Erfolg dazu übergegangen, den Runddrahtkern verschlossener Förderseile in dieser Art herzustellen, wodurch vor allem innere Drahtbrüche vermieden werden sollen. Aber nicht nur die Drahtlagen kann man so anordnen, sondern auch die Litzenlagen von Litzenspiralseilen. Abb. 43 zeigt ein solches Seil mit zwei Litzenlagen zu je 8 Litzen in Seale-Anordnung. Zwei Außenlitzen sind abgewickelt, so daß die parallel dazu liegenden Innenlitzen sichtbar sind, wobei man gleichzeitig deren bedeutend kleineren Schlagwinkel erkennt. Die dünnen Innenlitzen sind rechtsgängig in Gleichschlag, die dicken Außenlitzen rechtsgängig in Kreuzschlag verseilt. Dadurch wird erreicht, daß auch die Drähte an den Berührungsstellen der Innen- mit den Außenlitzen praktisch parallel liegen. Außerdem sind die Litzen selbst noch in Seale-Machart ausgeführt. So sind überall gute Berührungsverhältnisse geschaffen, wodurch der bereits mehrfach erwähnte Nachteil der Litzenspiralseile hinfällig wird. Trotz des gleichen Schlags der beiden Litzenlagen können solche Seile als drallarm gelten, besonders wenn die Litzen vorgeformt sind.

Abb. 43. Litzenspiralseil in Parallelschlag

Als Verwendungsgebiete für den Parallelschlag kommen hauptsächlich Kran- und Aufzugseile sowie Zugseile aller Art in Frage. Seale-Seile eignen sich auch gut für Schrapper-, Kohlenhobel- und Pflugbetriebe, wo sie den Vorteil der Widerstandsfähigkeit gegen Verschleiß durch die dicken Außendrähte mit dem der Widerstandsfähigkeit gegen die starken stoßartigen Beanspruchungen verbinden. Bei Verwendung der Seale-Machart für Förderseile in nassen Blindschächten ist wegen der Rostgefahr Vorsicht geboten. Durch die etwas klaffenden Außendrähte kann leicht das Schachtwasser bis zu den dünnen, gegen Rost weniger widerstandsfähigen Innendrähten vordringen und so im Innern Zerstörungen hervorrufen. Eine gute Verzinkung ist in solchen Fällen in erhöhtem Maß am Platz. Schwere Förderseile werden auch in einer *gedeckten Warrington-* oder *Warrington-Verbund*-Ausführung hergestellt. Über den parallel geschlagenen Lagen ist hier noch eine Lage in normalem Schlag angeordnet. Abb. 44 gibt einen solchen Querschnitt als Beispiel wieder. Für hohe Bruchlasten werden die Seile mit Innenseil ausgeführt.

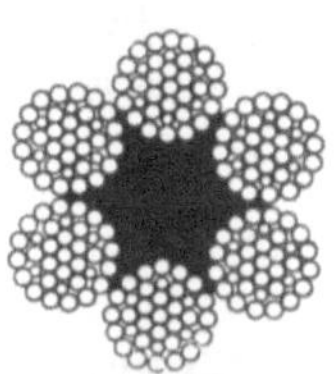

Abb. 44. Förderseil in Warrington Verbundmachart

Ähnliche Gesichtspunkte wie bei den Litzenseilen gelten für die Querschnittsaufteilung von Flachseilen (s. Abb. 5 u. 6), die ja letzten Endes auch Litzenseile sind. Wie bereits in Abschn. 2 erwähnt wurde, wählt man in den meisten Fällen 6 oder 8 Schenkel, seltener 4, 7, 9 oder 10. Ein Schenkel besteht immer aus 4 Litzen, die bis zu 19 Drähten enthalten. Der Drahtdurchmesser kann hier nach den gleichen Gesichtspunkten wie bei Litzenseilen bestimmt werden. Als Seildurchmesser ist dabei die Dicke des Flachseils zu berücksichtigen, weil ja nur diese für die Biegsamkeit maßgebend ist, während die Breite keinen Einfluß hat. Erwähnt sei, daß mit Bobinenförderseilen, bei denen die Litzen in Seale-Machart hergestellt sind, gegenüber normalen Flachseilen bei lebhaften Förderungen schon gute Erfahrungen gemacht wurden.

Die dreifach geschlagenen Seile, also die Kabelschlagseile (s. Abb. 3), bestehen meistens aus 6 um eine Faserseele verseilten Schenkeln, die sich wiederum aus 4 bis 19 Litzen zusammensetzen. Die Aufteilung des Querschnitts der einzelnen Litzen erfolgt nach den bei den Litzenseilen besprochenen Gesichtspunkten. Die Drahtdicke nimmt man hier im Verhältnis zu Litzenseilen ziemlich klein, wodurch eine möglichst große Biegsamkeit angestrebt wird. Über 2,0 mm geht man mit der Drahtdicke auch bei schweren Seilen nicht. In der Regel werden solche Seile aus lauter gleich dicken Drähten hergestellt.

Erwähnt sei noch, daß man seit Jahren schon dazu übergegangen ist, die einfachen Macharten, vor allem die Litzenseile, hinsichtlich ihrer Querschnittsaufteilung weitgehend zu normen, was dem Hersteller die Lagerhaltung und dem Verbraucher die Auswahl und die Bestellung wesentlich erleichtert.

II. Die Seile im Betrieb

6. Einfluß der Betriebseinrichtungen auf die Haltbarkeit der Seile

Nicht nur Machart und Beschaffenheit der Seile sind ausschlaggebend für ihre Bewährung im Betrieb, sondern auch die Ausführung und der Zustand der Betriebseinrichtungen.

An erster Stelle sind hier die *Trommeln*, *Scheiben* und *Rollen* zu nennen als die Maschinenteile, mit denen das Seil dauernd in Berührung ist und durch die teilweise die Kräfte auf das Seil übertragen werden.

Sowohl die Erfahrungen der Praxis als auch Dauerbiegeversuche [*19*] haben einwandfrei gezeigt, daß die Haltbarkeit von Seilen gleicher Machart mit zunehmendem Krümmungsdurchmesser ebenfalls zunimmt. Zunächst erscheint das selbstverständlich und würde auch mit der Reuleauxschen Formel für die primären Biegebeanspruchungen der Drähte übereinstimmen. Die Erklärung ist aber doch wohl weniger in dem Einfluß der primären, als vielmehr in den geringeren sekundären Biegebeanspruchungen zu suchen. Wie in Abschn. 3 ausgeführt wurde, hängen diese vor allem von der Größe des spezifischen seitlichen Druckes ab, den das Seil durch die Trommeln oder Scheiben erleidet. Dieser Druck nimmt mit wachsendem Krümmungsdurchmesser infolge der größeren Auflagefläche ab, so daß auch die sekundären Biegebeanspruchungen, denen die einzelnen Drahtelemente unterliegen, abnehmen. Man wird also grundsätzlich bestrebt sein, möglichst große Trommeln und Scheiben zu nehmen. Allerdings sind hier bei den meisten Betrieben durch die beschränkten Raumverhältnisse Grenzen gesetzt. Zweckmäßig werden deshalb für die Krümmungsdurchmesser Mindestwerte festgelegt, bei denen noch ein wirtschaftlicher Betrieb möglich ist.

Während man früher entsprechend der Berechnungsart nach REULEAUX Mindestwerte für das Verhältnis von Krümmungsdurchmesser D zu Drahtdurchmesser δ zugrunde legte, hat es sich als einfacher und richtiger erwiesen, mit dem Verhältnis von Krümmungsdurchmesser D zu Seildurchmesser d zu rechnen. Es ist dabei berücksichtigt, daß ja nach Abschn. 5 der Drahtdurchmesser schon in einem bestimmten Verhältnis zum Seildurchmesser stehen soll. Bei Flachseilen ist wiederum die Dicke als Durchmesser zu werten.

Der Grenzwert des Verhältnisses D/d, der noch als wirtschaftlich anzusehen ist, bei dem also noch mit einer befriedigenden Haltbarkeit der Seile gerechnet werden kann, liegt beispielsweise für Förderseile in verschlossener Machart etwa bei 100, für solche in Litzenmachart bei 60, für Kran- und Aufzugseile bei 40. Nach Möglichkeit wird man natürlich die Werte größer wählen. Bei größeren Anlagen, insbesondere bei Hauptschachtförderungen im Bergbau, ist diese Möglichkeit weitgehend gegeben. Hier betragen die Scheibendurchmesser bis zu 8 m, was bei einer Seildicke von beispielsweise 66 mm noch das außerordentlich günstige Verhältnis von 120 ergibt. Jedoch auch die angeführten Mindestwerte von D/d sind nicht immer einzuhalten und müssen vielfach für Förderseile, vor allem in Blindschächten, bis auf 40, für andere Betriebe bis auf 20 vermindert werden. In diesen Fällen ist dann aber bei lebhaftem Betrieb eine oft bedeutend geringere Haltbarkeit der Seile in Kauf zu nehmen.

Eine bessere Biegsamkeit und dadurch eine geringere Beanspruchung der Drähte erreicht man durch dünndrähtige Macharten, die man bei sehr kleinen Krümmungsdurchmessern bevorzugt. Wie weit man hier gehen kann, und welche Nachteile sich daraus ergeben können, wurde in Abschn. 5 eingehend besprochen. Der beste Weg ist jedenfalls der, zu einer geeigneten Seilmachart genügend große Scheiben zu nehmen.

Maßgebend für die Beurteilung der Scheibengröße ist stets der Durchmesser der *kleinsten* Scheibe oder Rolle, über die das Seil läuft. Nicht nur die Trommeln, Treibscheiben und Seilscheiben sind dabei zu berücksichtigen, sondern auch etwa vorhandene Spannrollen und Ablenkscheiben. Vielfach findet man die Ansicht, daß deren Durchmesser für die Seilbeanspruchung unwesentlich ist, weil das Seil nur mit einem kleinen Umschlingungswinkel anliegt. Diese Annahme ist irrig. Ein

Seilelement, das einmal die gekrümmte Form angenommen hat, wird erst wieder beim Ablaufen von der Scheibe, also beim Geradewerden, beansprucht. Solange es in der gekrümmten Lage auf der Scheibe ruht, tritt keine Änderung der Biegebeanspruchung auf. Es ist demnach ziemlich gleichgültig, ob der Umschlingungswinkel des Seiles auf der Scheibe größer oder kleiner ist, ob es sich also um eine normale Seilscheibe oder um eine Ablenkscheibe handelt. Zu kleine Ablenkscheiben sind oft der Grund für eine schlechte Bewährung der Seile. Vielleicht kann man bei sehr kleinen Umschlingungswinkeln, beispielsweise von 15° abwärts, einen etwas weniger strengen Maßstab anlegen, denn die einzelnen Drähte können dann in Längsrichtung beiderseits so viel in das gerade Seil ausweichen, daß ein gewisser Spannungsausgleich gegeben ist, und die Biegebeanspruchung der Drähte nicht den der Krümmung entsprechenden vollen Wert erreicht.

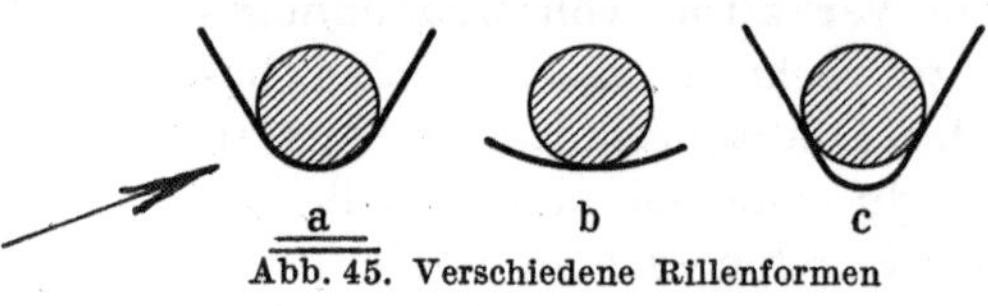

Abb. 45. Verschiedene Rillenformen

Von großer Bedeutung ist die *Rillenform*. Es gibt dabei grundsätzlich folgende drei Möglichkeiten, die in Abb. 45 dargestellt sind:

1. der Rillengrundhalbmesser entspricht dem halben Seildurchmesser, die Rillenform ist also dem Seil angepaßt (Abb. 45a);

2. der Rillengrundhalbmesser ist größer als der halbe Seildurchmesser, das Seil liegt theoretisch nur mit einer Mantellinie im Grund der Rille auf (Abb. 45b);

3. der Rillengrundhalbmesser ist kleiner als der halbe Seildurchmesser, das Seil liegt mit zwei Mantellinien an den Flanken der Rillen an (Abb. 45c).

Durch Dauerbiegeversuche [*19*] wurde festgestellt, daß ein Seil unter sonst gleichen Verhältnissen im ersten Fall die meisten Biegungen bis zur Zerstörung ausführen kann. Dies wird durch die bereits an verschiedenen Stellen gemachten Ausführungen über den Einfluß des seitlichen Druckes verständlich. Der spezifische seitliche Druck in der Rille ist natürlich am geringsten, wenn die Rille dem Seil angepaßt ist, weil sich dann die günstigsten Berührungsverhältnisse ergeben. Im zweiten Fall, bei einer erheblich größeren Rille, wird der seitliche Auflagedruck sehr hoch, was eine unbefriedigende Bewährung zur Folge hat. Ähnlich verhält es sich im dritten Fall einer zu engen Rille. Erschwerend tritt hier noch hinzu, daß das Seil unter Belastung in die Rille hineingequetscht wird.

Im praktischen Betrieb ist es nun natürlich nicht möglich, für jedes neu aufzulegende Seil die Scheiben entsprechend neu auszudrehen. Auch bei neuen Seilscheiben läßt sich der Rillengrund nicht genau dem Seildurchmesser anpassen, da der letztere bei ein und derselben Machart stets bis zu einem gewissen Grad schwankt. Man macht daher bei neuen Seilscheiben den Rillengrundhalbmesser je nach der Seildicke 1 bis 2 mm größer als den halben Nenndurchmesser des Seiles. Die Flanken läßt man zweckmäßig unter einem Winkel von 40 bis 60° verlaufen. Wenn die Form des Rillengrundes nicht allzusehr vom Umfangskreis des Seiles abweicht, läuft sich im übrigen jedes Seil bald ein und stellt sich so die richtige Rillenform selbst her.

Schädlich für ein Seil ist es auf alle Fälle, wenn die Rille so eng ist, daß ein Einlaufen nicht möglich ist. Das Seil wird dann von zwei Seiten gequetscht (Abb. 45c) und hat einen außerordentlich starken seitlichen Druck aufzunehmen, dessen Auswirkung in Abschn. 8 behandelt wird. Diese Art wurde bei Treibscheiben von Blindschachtförderungen, Aufzügen, Seilbahnen, Streckenförderungen und anderen Betrieben vielfach absichtlich angewandt, um eine genügende Reibung zwischen Scheibe und Seil zu erzielen. Heute ist die *Keilrillenscheibe* fast nur noch auf kleine Lasten und Seildurchmesser, hauptsächlich im Aufzugbau, beschränkt. Bei größeren Lasten und Seildurchmessern ist man wegen des nachteiligen Einflusses auf die Seile davon abgekommen und erzielt die notwendige Reibung zwischen Seil und Treibscheibe auf andere Art.

Die nächstliegende Lösung scheint ein mehrfaches Umschlingen der Treibscheibe zu sein. Das hat aber den Nachteil, daß das Seil seitlich wandert. Man müßte also die Scheibe verbreitern und als Trommel ausbilden, wodurch der hauptsächliche Vorteil der Treibscheibe, die leichte und schmale Bauart, verlorengehen würde. Will man das vermeiden, dann kann man beispielsweise eine *Mehrrillenscheibe* mit Gegenscheibe verwenden. Bei dieser Anordnung unterliegt das Seil aber infolge des starken Dehnungsschlupfes und des dadurch hervorgerufenen Kriechens im Rillengrund einem sehr starken Verschleiß. Man kann auch das seitliche Wandern kompensieren, wie bei der *Parabolscheibe*. Das ablaufende Seil, das bestrebt ist, seitlich abzuwandern, gleitet durch den parabelförmigen Querschnitt der Rille immer wieder in Richtung des Rillengrundes zurück. Das gegenseitige Reiben der Seilwindungen, das dabei unvermeidlich ist, führt in Zusammenhang mit dem auch hier vorhandenen Dehnungsschlupf ebenfalls zu übermäßigem Verschleiß und wirkt sich nachteilig auf die Haltbarkeit der Seile aus. Eine bemerkenswerte Lösung in dieser Hinsicht stellt die *Schraubenrillenscheibe* von OHNESORGE [*4*] dar, bei der eine solche Verschleißwirkung nicht auftritt.

Bei einfacher Umschlingung sind, sofern größere Kräfte übertragen werden müssen, Sonderbauarten von Treibscheiben nötig. Die Reibung wird hier dadurch erhöht, daß das Seil durch mechanische Einwirkung seitlich geklemmt wird. Als Beispiel sei die *Karlikscheibe* erwähnt, bei der das Seil mit Klemmzangen gehalten wird, die am Scheibenumfang verteilt sind und sich unter dem Druck des Seiles schließen. Im übrigen soll hier nicht näher auf die Sonderbauarten eingegangen werden, eine Aufzählung und Beurteilung findet sich in einer Arbeit der Versuchsgrubengesellschaft [*12*], in der auch auf das weitere Schrifttum verwiesen ist.

Vielfach genügt es aber, einfache Treibscheiben mit *weichen Rillenfuttern* zu verwenden, für die als Werkstoff Holz, Faserstoffe, Leder, Gummi mit Gewebeeinlagen, Kunststoffe und weiche Metalle in Frage kommen. Diese Lösung hat sich bei Schachtförderungen im Bergbau mit der Einführung der *Koepescheibe* sowie bei Seilbahnantrieben vollkommen durchgesetzt und wird schon wegen der damit verbundenen außerordentlichen Schonung der Seile jeder anderen Möglichkeit vorgezogen. Bei Aufzügen mit kleineren Überlasten genügen meist schon gußeiserne Rillenscheiben, um eine hinreichende Reibung zu erzielen. Vorteilhaft auf die Haltbarkeit der Seile wirkt sich übrigens auch ein Ausfüttern der Seil- und Umlenkscheiben [*7*] aus, die keine Kräfte zu übertragen haben. Außer durch Verringerung des Verschleißes erklärt sich dies durch die Verkleinerung der sekundären Biegebeanspruchungen der Drähte infolge des Eindrückens der am Seilumfang liegenden Drahtelemente in das weiche Futter und der dadurch erzielten Verringerung des spezifischen Seitendruckes. Es ist dabei natürlich eine Frage der Wirtschaftlichkeit, ob das Verteuern der Unterhaltung der Scheiben, deren Futter öfter erneuert werden muß, einem etwas größeren Seilverbrauch vorzuziehen ist.

Bei den Laufrollen der Seilschwebebahnen läßt sich der Rillenquerschnitt wegen der zu überfahrenden Verbindungskupplungen der Tragseile vielfach nicht dem Seilquerschnitt anpassen, sondern muß entsprechend größer sein. Dies ist in Anbetracht der kleineren Empfindlichkeit der als Tragseile üblichen verschlossenen Seile gegen den seitlichen Druck hier nicht so wichtig wie bei den Seilen der Betriebsgruppe 1. Auch der Rollendurchmesser ist viel weniger maßgebend, da theoretisch ohnehin nur eine Punktberührung stattfindet. Man wird aber natürlich für schwerere Belastungen auch größere Rollen verwenden, schon wegen der dadurch erzielten kleineren Umdrehungszahl. Praktisch verringert sich dann immerhin auch der spezifische seitliche Druck auf das Tragseil, weil ja doch ein gewisses Anschmiegen des Seiles an die Rolle stattfindet. Auch durch Doppellaufwerke mit zwei Rollenpaaren an den Seilbahnwagen läßt sich der Raddruck wirksam vermindern.

Ein Aufwickeln des Seiles auf einer Trommel in mehreren Lagen soll bei lebhafteren Dauerbetrieben wegen der ungünstigen gegenseitigen Berührungsverhältnisse der einzelnen Seillagen nach Möglichkeit vermieden werden. Wo es trotzdem nicht zu umgehen ist, empfiehlt es sich, am Anfang und Ende der ersten Lage den schmalen keilförmigen Hohlraum zwischen Seil und Trommelbegrenzung auszufüttern. Dadurch wird am Übergang von der ersten zur zweiten Lage ein Einquetschen des darüber wickelnden Seiles verhindert und am Übergang von der zweiten zur dritten Lage abgeschwächt. Was die Seilmachart für einen solchen Betrieb anbelangt, so sind verschlossene Seile am wenigsten empfindlich. Auch mit Gleichschlagseilen in Rund- und Dreikantlitzenmachart werden noch befriedigende Ergebnisse erzielt, während Kreuzschlagseile sich meist nicht bewähren.

Die Trommeln sollen möglichst, besonders bei Litzenseilen, mit Rillen versehen sein, die die Lage des Seiles beim Aufwickeln bestimmen. Der Rillenabstand soll so gewählt werden, daß zwischen den einzelnen Seilwindungen noch ein kleiner Zwischenraum bleibt. Wie groß dieser sein muß, um ein schädliches Reiben des auf- oder ablaufenden Seilstranges gegen die jeweilige auf der Trommel liegende Nachbarwindung zu vermeiden, hängt von dem Trommeldurchmesser und dem seitlichen Ablenkungswinkel des Seiles ab, das Maß läßt sich zeichnerisch ermitteln [*17*]. Der seitliche Ablenkungswinkel, der durch die Lage der Seilscheibe zur Trommel und die Breite der letzteren bestimmt ist, soll im übrigen nicht zu groß werden und erfahrungsgemäß den Wert $1^1/_2{}^\circ$ möglichst nicht überschreiten, um ein einwandfreies Aufwickeln zu gewährleisten und einen übermäßigen Verschleiß von Seil, Seilscheiben und Rillenbelag zu verhindern. Übrigens kann auch für Koepeförderungen im Bergbau dieses Maß als Höchstwert angesehen werden. Trommelbeläge aus Holz sind besonders bei größeren seitlichen Ablenkungswinkeln immer zu sehr dem Verschleiß unterworfen, so daß sich die Rillenabstände rasch nachteilig verändern, es empfehlen sich deshalb eiserne Rillenbeläge. In besonderem Maß gilt dies für Schachtförderungen, wo größere Seillängen aufgenommen werden müssen und infolgedessen größere Trommelbreiten notwendig werden.

Wesentlich für die Haltbarkeit der Seile ist ferner, daß die Seilscheiben gut ausgerichtet sind, so daß ein Reiben an den Rillenflanken, das den Verschleiß verstärkt, möglichst vermieden wird. Scheiben und Trommeln müssen rund laufen, vor allem müssen die Trommelbeläge in einwandfreiem Zustand sein. Durch ein exzentrisches oder seitliches Schlagen werden Seilschwingungen erzeugt, die zusätzliche Beanspruchungen hervorrufen. Besonders bei Schachtförderungen können die Seilschwingungen erhebliche Ausmaße annehmen. Kolbendampfmaschinen und Kolbendruckluftthäspel erzeugen oft starke Impulse, die zu Resonanzschwingungen führen können, während elektrisch angetriebene

Maschinen mit ihrem hohen Gleichförmigkeitsgrad einen erheblich ruhigeren Betrieb ergeben.

Eine weitere Ursache für schädliche dynamische Überbeanspruchungen von Förderseilen ist in einem schlechten Zustand der *Führungseinrichtungen* zu erblicken. Durch gutes Ausrichten der Spurlatten, rechtzeitiges Erneuern verschlissener Abschnitte und sorgfältige Ausführung der Verbindungsstellen, die ein stoßfreies Durchgehen der Schachtfahrzeuge gewährleisten müssen, läßt sich hier viel erreichen. Einen sehr schonenden Betrieb gewährleisten die immer mehr aufkommenden *Rollenführungen* mit gummibereiften Rollen an Stelle der Führungsschuhe, die teilweise in Verbindung mit stählernen Spurlatten angewandt werden. Die besonders in England sehr verbreiteten *Seilführungen* verhalten sich in dieser Hinsicht ebenfalls sehr günstig, doch haben sie bei neuzeitlichen Fördereinrichtungen auch manche Nachteile gegenüber festen Führungen.

Endlich ist zum Vermeiden übermäßigen Verschleißes der Seile dafür zu sorgen, daß sie während des Laufes nicht an starren Teilen, beispielsweise an Trägern oder Mauerwerk, anschlagen oder schleifen. Das Schleifen auf steinigem Untergrund, das besonders bei Standseilbahnen, Schrägaufzügen und ähnlichen Betrieben vorkommen kann, muß durch Anbringen gut gelagerter Führungsrollen verhindert werden. Bei anderen Betriebsarten, beispielsweise bei Schrappern, läßt sich ein solches Schleifen nicht immer umgehen, und man muß der erhöhten Verschleißeinwirkung durch die Wahl geeigneter Seilmacharten mit dicken Außendrähten Rechnung tragen. Kleinere Durchgangsöffnungen für die Seile sind einwandfrei auszubüchsen. Bei Seilbahnen, bei denen die Wagen an das Zugseil angeklemmt werden, müssen die Backen der Mitnehmer gut fassen, ohne zu rutschen und das Seil zu beschädigen.

Grundsätzlich die gleichen Gesichtspunkte gelten für Trag- und Führungsseile. Hier dürfen die darüberlaufenden Rollen nicht festsitzen. Gleitösen von Führungsschlitten müssen abgerundete Kanten haben, außerdem müssen Führungsseile, die mit gleitender Reibung arbeiten, gut geschmiert werden. Die Auflagerschuhe für die Tragseile von Seilbahnen an den Stützen müssen sich in ihrer Form dem Seildurchhang anpassen und ein stoßfreies Auf- und Ablaufen der Laufwerke gewährleisten.

7. Das Befestigen der Seilenden, die Seileinbände

Verbindungen zweier Seile sowie Endanschlüsse von Seilen können grundsätzlich durch *Spleißen*, *Vergießen*, *Verkeilen* oder *Festklemmen* hergestellt werden.

Für das Verbinden von zwei Seilenden kommt zunächst das *Anspleißen* in Frage. Allerdings ist dies nur bei mehrfach geschlagenen

Seilen möglich und kann in Gestalt der *langen Spleißung* ausschließlich bei Rundlitzenseilen mit einer Litzenlage, bei Bandseilen sowie bei Kabelschlagseilen mit einer Schenkellage angewandt werden. Das Verfahren sei an einem Seil, das aus einer Faserseele und 6 Litzen besteht, kurz erläutert.

Zuerst werden beide Seile in einer Entfernung vom Ende, die der halben beabsichtigten Spleißlänge entspricht, leicht abgebunden, die

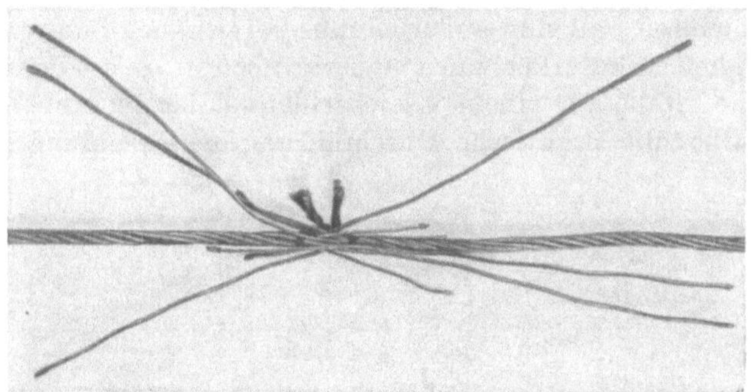

Abb. 46. Langspleißung, Zustand vor Einlegen der Litzen

Litzen werden als Ganzes bis zum Bindedraht herausgedreht. Jede zweite Litze wird in kurzer Entfernung vom Bindedraht, die Faserseele unmittelbar hinter dem Bindedraht abgeschnitten. Die Seile werden dann nach Art der Abb. 46 so ineinandergefügt, daß jeweils zwischen zwei Litzen des einen Seiles eine Litze des anderen liegt. Jetzt wird aus

Abb. 47. Langspleißung, Zustand vor Verstecken der Litzenenden

dem einen Seil eine kurze Litze weiter herausgedreht und durch die danebenliegende lange des zweiten Seiles ersetzt. Diese Arbeit wird mit den entsprechenden drei Litzenpaaren nach der einen, mit den übrigen nach der anderen Seite durchgeführt, jedoch jeweils nur so weit, daß die Stöße möglichst gleichmäßig über die ganze Spleißlänge verteilt sind. Die freien Litzenenden werden auf gleiche Länge abgeschnitten, so daß der in Abb. 47 wiedergegebene Zustand erreicht wird. Die Enden, die man zweckmäßig vorher gut mit Hanf umwickelt, werden nun ins Herz des Seiles versteckt, aus dem die Faserseele in der nötigen Länge entfernt wurde, sie ersetzen also hier die Seilseele. Auch ein Spleißen von Seilen mit mehr als sechs Litzen ist natürlich möglich. In diesem Fall müssen die Litzenenden vor dem Verstecken so stark umwickelt werden, daß sie dem Durchmesser der ursprünglichen Seilseele entsprechen. Bei Flachseilen, deren Schenkel nur aus vier Litzen bestehen, ist ein Verstecken ins Innere des Einzelseiles nicht möglich, hier werden die Litzenenden an Stelle der Nähdrähte quer durch das Seil versteckt. Die gesamte Spleißlänge soll das 1000- bis 1200fache des Seildurchmessers betragen. Die gegenseitige Reibungskraft der Litzen ist so groß, daß die gespleißte Seilstrecke gegenüber dem ursprünglichen Seil keine oder keine wesentliche Schwächung aufweist. An einem sorgfältig gespleißten Seil sind äußerlich nur bei genauer Beobachtung Unregelmäßigkeiten zu erkennen, und zwar eben an den Versteckstellen. Eine solche Stelle an einem Gleichschlagseil ist in Abb. 48 wiedergegeben. Über die praktische Durchführung der Spleißung sei auf die

Abb. 48. Versteckstelle eines Langspleißes

Kataloge der größeren Seilereien verwiesen, die diese Frage meist recht ausführlich behandeln. Auch im Schrifttum ist der Langspleiß teils von der theoretischen, teils von der praktischen Seite verschiedentlich behandelt [*2*], [*18*].

Das Verfahren wird vor allem bei endlos laufenden Seilen, also beispielsweise bei Zugseilen von Seilbahnen sowie bei Transmissionsseilen angewandt. Hier können auch einzelne schadhafte Strecken herausgeschnitten und durch eingespleißte neue ersetzt werden. Da die Spleißstelle nicht dicker ist als das übrige Seil, ergeben sich beim Laufen über die Seilscheiben keine Schwierigkeiten.

Ein Zusammenspleißen von Schachtförderseilen aus verschiedenen Längen ist nicht zulässig. Dagegen werden Flachunterseile häufig angespleißt, einmal, wenn ein vorhandenes zu kurzes Seil ausgenutzt werden soll, dann aber auch, wenn ein Seil auf einer Endstrecke schadhaft geworden, im übrigen Teil jedoch noch gut ist.

Tragseile von längeren Lastseilbahnen müssen in mehreren Längen angeliefert werden, weil sie sonst für Herstellung, Transport und Montage zu schwer würden. Auch müssen schadhaft gewordene Strecken ausgewechselt werden können, damit bei einer örtlichen Beschädigung nicht gleich das ganze Seil unbrauchbar wird. Ein Aneinanderspleißen der verschiedenen Seilstrecken kommt schon deshalb nicht in Frage, weil es sich um einfach geschlagene, meist verschlossene Seile oder um Litzenspiralseile handelt, die sich beide für das Spleißen nicht eignen. Es müssen deshalb Verbindungen geschaffen werden, die ein Darüberlaufen von Seilrollen ohne besondere Hemmungen oder Stöße erlauben, die also einen stetigen Übergang gewährleisten. In diesem Fall werden die Seilenden in *konischen Muffenkupplungen* vergossen oder verkeilt. Abb. 49 zeigt eine solche Kupplung, die aus zwei Muffen und einem Mittelstück mit Rechts- und Linksgewinde besteht. Die beiden Muffen werden nach dem Befestigen der Seilenden mit Hilfe des Mittelstückes verschraubt. In Abb. 50 ist die betriebsfertige Kupplung wiedergegeben. Der schlanke Konus paßt sich der Seiloberfläche an. Natürlich muß der Rillenquerschnitt der Rollen entsprechend groß sein und dem größten Durchmesser der Kupplung entsprechen.

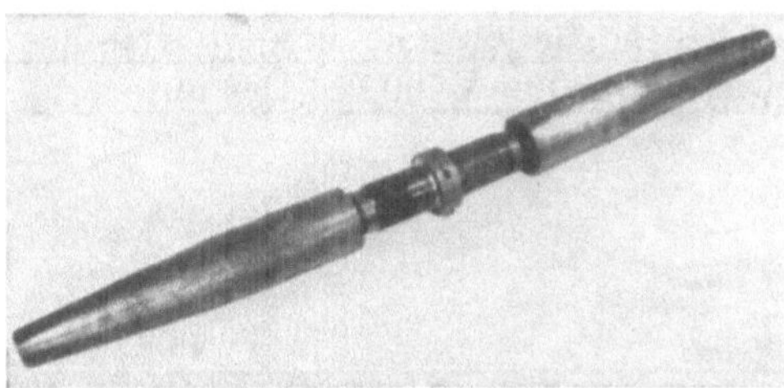

Abb. 49. Dreiteilige Muffenkupplung zum Verbinden von Seilbahntragseilen

Abb. 50. Kupplung Abb. 49 betriebsfertig

Das Vergießen erfordert eine große Sorgfalt und Sachkenntnis. Einerseits ist darauf zu achten, daß das Vergußmetall sich einwandfrei mit den Drähten verbindet, es muß also beim Vergießen gut flüssig sein. Andererseits dürfen aber die Drähte nicht zu warm werden,

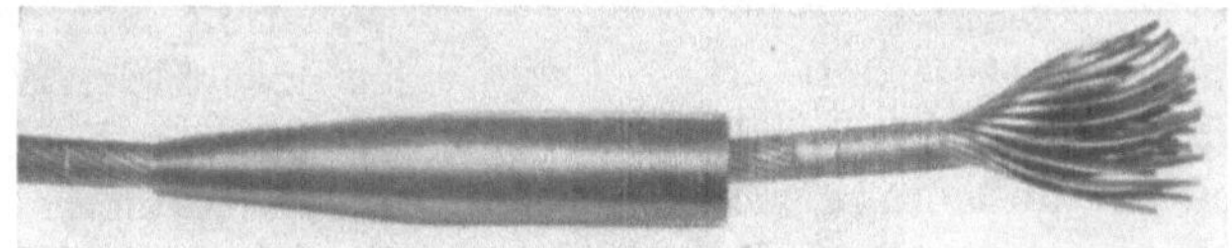

Abb. 51. Seilende, zum Vergießen vorbereitet

damit eine wesentliche Festigkeitsabnahme vermieden wird. Das Seil wird im Abstand der Vergußlänge vom Ende gut abgebunden. Die Drähte werden, nachdem das Ende vorher durch die konische Vergußmuffe hindurchgesteckt ist, nach Art der Abb. 51 zu einem Besen auseinandergebogen, gerichtet und entfettet. Beim Vergießen von Seilen mit Faserseelen müssen diese vorher im Bereich des späteren Vergußkopfes herausgeschnitten werden. Als Vergußmetall wird heute vorwiegend Weißmetall mit hohem Zinngehalt oder Feinzink verwendet. Das vorherige Verzinnen der Drähte, das bei dem früher vielfach üblichen Vergießen mit Hartblei unerläßlich war, erübrigt sich bei diesen Metallen. Die Vergußtemperatur ist, wie schon erwähnt, möglichst niedrig zu halten. Sie bewegt sich je nach dem verwendeten Metall zwischen 350 und 460 ° C. Der untere Wert läßt sich praktisch dadurch

Abb. 52. Fertiger Vergußkopf

bestimmen, daß ein in das Bad gehaltener Holzspan braun anläuft, aber noch nicht entzündet wird, der obere ist dann erreicht, wenn Zeitungspapier, das mit dem Bad in Berührung gebracht wird, eben aufflammt. Vor dem Vergießen wird die Muffe erwärmt, um ein Abschrecken des Metalls zu verhindern. Nach dem Erkalten schiebt man den fertigen Vergußkopf noch einmal aus der Muffe heraus, so daß man sich von seiner einwandfreien Beschaffenheit überzeugen kann. Abb. 52 zeigt einen solchen Vergußkopf.

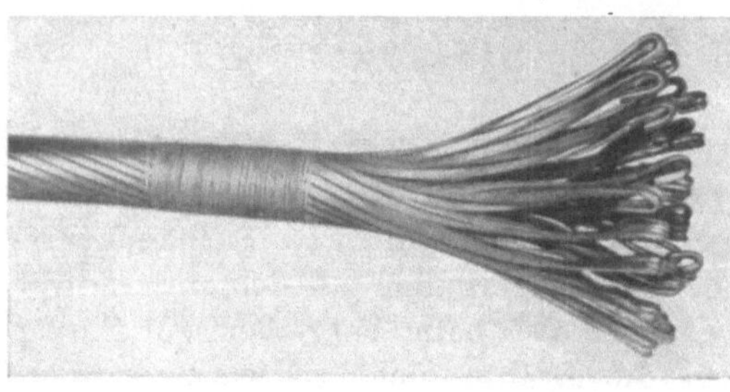

Abb. 53. Seilende mit umgebogenen Drahtenden vor dem Vergießen

Ein Umbiegen der Drahtenden nach Abb. 53, das vielfach vor dem Vergießen angewandt wird und ein Durchziehen durch den Verguß bei Belastung verhindern soll, ist zwecklos. Wenn das Vergußmetall einwandfrei gebunden hat, halten die Drähte auch ohne Umbiegen unbedingt sicher, im anderen Fall können die umgebogenen Enden unter der Belastung sich geradeziehen oder abbrechen.

Die notwendige Länge des Vergußkopfes richtet sich nach der Größe der Drahtoberfläche, die ja die Kräfte überträgt. Sie hängt also von der Drahtdicke ab und müßte, gleiche Zugfestigkeit vorausgesetzt, bei dicken Drähten größer sein als bei dünnen. Man geht aber stets richtig, wenn man die Vergußlänge mindestens gleich dem vierfachen Seildurchmesser nimmt. Ein Schwächen des Seiles im Verguß findet bei richtigem Arbeiten nicht statt, wie durch zahlreiche Zugversuche mit Seilen, die an den Enden vergossen waren, bestätigt wurde.

Das *Verkeilen* hat gegenüber dem Vergießen den Vorteil, daß dafür weniger Hilfsmittel und Einrichtungen nötig sind. Vor allem fallen die Einrichtungen zum Anwärmen der Muffen und zum Schmelzen des Vergußmetalls weg, was bei der Montage entschieden vorteilhaft ist. Die Drahtenden werden in der gleichen Weise wie beim Vergießen zu einem Besen auseinandergebogen, der sich dem Muffenkonus anpaßt. Dann werden zwischen die einzelnen Drahtlagen gut passende Ringkeile eingelegt, die Zwischenräume zwischen den Drähten einer Lage werden ebenfalls mit passenden Keilen ausgefüllt. Abb. 54 läßt die Anordnung der Drähte und Keile bei einem verschlossenen Tragseil am hinteren Muffenende erkennen. Die Arbeit ist im Vergleich zum Vergießen mühsamer und erfordert eine außerordentlich große Sachkenntnis, die nur bei wenigen gut eingearbeiteten Monteuren vorhanden ist. Aus diesem Grund wird das Verkeilen trotz seiner Vorteile nur noch selten angewandt. Die Befestigung hält aber bei sorgfältiger Ausführung ebenso wie beim Vergießen die volle Bruchlast des Seiles aus.

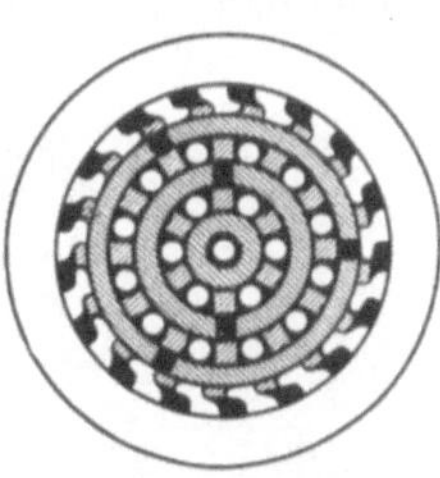

Abb. 54. Verkeiltes Ende eines verschlossenen Tragseiles

Endverbindungen von Seilen aller Art können ebenfalls so hergestellt werden, wobei wohl stets das Vergießen bevorzugt wird. Die Muffe ist dann dem jeweiligen Zweck entsprechend ausgebildet. Abb. 55 zeigt beispielsweise eine Muffe für eine Bolzenbefestigung, Abb. 56 die Verankerung von Tragseilen einer schweren Hängebrücke. Sollen Seile verschiedener Machart miteinander verbunden werden, wie etwa Trag- und Tragspannseile von Schwebebahnen, so können entweder dem Durchmesser beider Seile angepaßte verschraubbare Doppelmuffen, wie sie bei der Verbindung von einzelnen Tragseillängen beschrieben wurden, oder mittels Laschen und Bolzen zusammengehaltene Endmuffen verwendet werden.

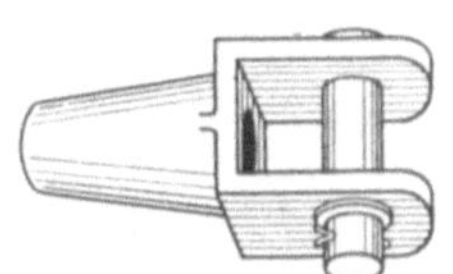

Abb. 55. Vergußmuffe für Endverbindung mittels Bolzen

Vielfach werden auch die *Einbände von Schachtförderseilen* durch Vergießen hergestellt. Eine gewisse Gefahr bildet dabei die Schwierigkeit der Überwachung des Seiles in der unmittelbaren Nähe des Vergußkopfes. Wie in Abschn. 9 über die Drahtbrüche noch ausführlich erläutert wird, wirken sich in den Einbänden die dynamischen Beanspruchungen, also die Seilschwingungen, besonders stark aus. Der scharfe Übergang vom Verguß zum freien Seil dürfte in dieser Hinsicht ungünstig sein. Das Vergießen wird jedoch vor allem bei Trommelseilen angewandt, die ohnehin in regelmäßigen Fristen gekürzt und dann neu vergossen werden. Für Koepeseile, wo ein Erneuern der Einbände höchstens in größeren Zeitabständen zum Ausgleich bleibender Längenänderungen stattfinden würde, empfiehlt sich diese Art der Befestigung nicht. In Deutschland ist das Vergießen von Förderseilen nicht üblich.

Bemerkenswert ist eine Befestigungsart, bei der ein in die Muffe passender konischer Endkopf durch Zurückbiegen der Drahtenden hergestellt wird. Dieser Einband war hauptsächlich in England gebräuchlich und unter dem Namen *bent-back-wire capel* bekannt. Der Vorteil gegenüber dem Vergießen liegt vor allem darin, daß bei der Herstellung kein Feuer nötig ist, und daß so die Anwendung auch in Blindschächten und Bremsbergen von schlagwettergefährdeten Gruben möglich ist. Die Herstellungsweise geht aus der schematischen Darstellung in Abb. 57a bis e hervor. Das Seil wird mit einer Wicklung aus weichem Bindedraht versehen, die im Abstand der beabsichtigten Konuslänge vom Seilende beginnt und die gleiche Länge hat wie diese (Zustand a). Die Drähte werden hinter der Wicklung auseinandergeflochten, gerichtet und in mehrere ringweise angeordnete Gruppen eingeteilt, deren Zahl sich nach der Anzahl der Drähte im Seil richtet. Die Drähte der innersten Gruppe behalten ihre ursprüngliche Länge, während die übrigen so weit abgeschnitten werden, daß ihre Längen gruppenweise abgestuft nach außen abnehmen. Durch das Aufbringen weiterer Wicklungen auf die erste wird eine sich verjüngende Auflage für die Drähte gebildet (Zustand b). Zunächst werden die äußeren, kurzen Drähte über die Bindung weg vollkommen zurückgebogen, dann wird der so geformte kurze Konus wieder umwickelt, wodurch die Auflage für die nächste Drahtgruppe entsteht (Zustand c). So fährt man fort, bis die längsten, inneren Drähte zurückgebogen sind, und die darüber aufgebrachte Wicklung den endgültigen Mantel des Kopfes bildet (Zustand d und e). Bei Seilen mit einer Faserseele muß am Ende ein entsprechend geformter Stahlkegel eingetrieben werden, um ein Nachgeben und Arbeiten der Drähte im Konus zu verhindern. An Stelle

Abb. 56. Verankerung eines Tragseilstranges einer Hängebrücke (Werksaufnahme Felten & Guilleaume Carlswerk Eisen und Stahl AG.)

des Bindedrahtes für die Wicklungen kann man übrigens auch Hanfschnur verwenden, die eine weichere Auflage abgibt. Es versteht sich von selbst, daß derartige Einbände mit großer Sorgfalt hergestellt

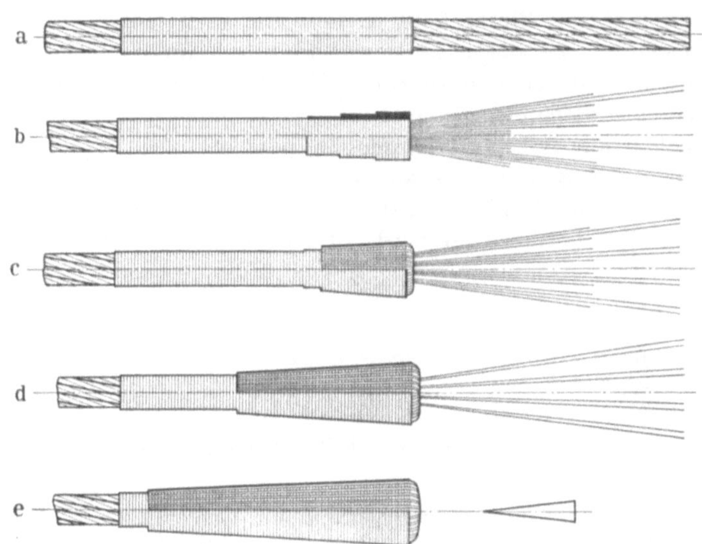

Abb. 57. Herstellungsweise des „bent-back-wire capel" (nach McCLELLAND [*16*])

werden müssen, da andernfalls ungünstige Lagerungen und Beanspruchungen der Drähte im Innern des Kopfes zu Brüchen führen. Heute wird in England an Stelle des vorgenannten Einbandes für Litzenseile von Bremsberg-, Schrägaufzug- und Strecken-

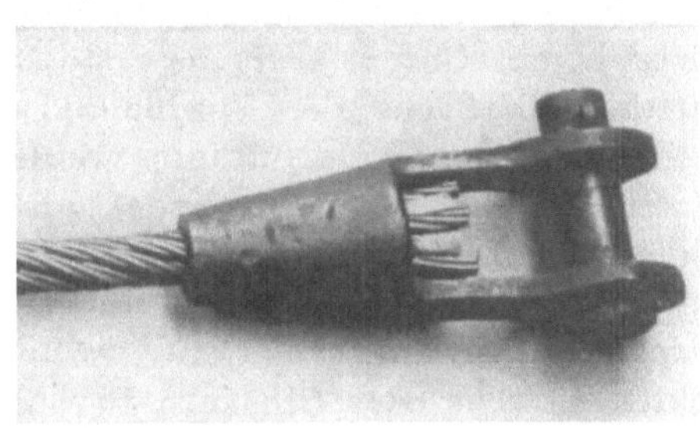

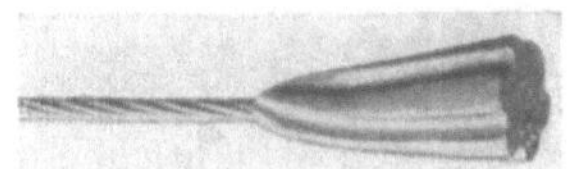

a b

Abb. 58. a u. b. Befestigung eines Litzenseiles in konischer Muffe durch seitliches Klemmen der Litzen (S. M. R. T. B. haulage capel), fertiger Einband (a) (Aufnahme British Ropes Limited) und gerillter Metallkonus mit Endlitze (b) (Aufnahme Safety in Mines Research Establishment, British Crown Copyright)

förderungen vorwiegend eine andere Einbandart, der sogenannte *S.M.R.T.B. haulage capel*, benutzt, bei der die ganzen Litzen zwischen die Wandung einer konischen Muffe und einen mit passenden Rillen versehenen gegossenen Konus geklemmt werden [*13*], [*16*]. Abb. 58a zeigt die fertige Endbefestigung. Um ein sicheres Halten zu gewährleisten, wird der Konus mit einem Litzenstück, dessen Durchmesser dem der Seilseele entspricht, vergossen. Abb. 58b gibt den so vorbereiteten gerillten Einlagekopf wieder. Die Seilseele wird in Länge der Einlagelitze herausgeschnitten und durch diese ersetzt. Unter Belastung wird durch den zentralen Druck der Außenlitzen auf die hier als Seele dienende Einlagelitze die Reibung so groß, daß ein Herausziehen aus der Muffe unmöglich ist.

Für biegsame Seile ist die am weitesten verbreitete Befestigungsart der *Kauscheneinband*. Bei der einfachsten Art wird die Kausche, um die das Seil herumgelegt wird, aus Blech gebogen. Sofern es sich

Abb. 59. Eingespleißte Kausche

um spleißbare Seile handelt, wird dann der Endstrang mit dem einlaufenden Strang verspleißt, und zwar mittels eines *Kurzspleißes*. Abb. 59 zeigt eine so eingespleißte Kausche. Im Gegensatz zu dem weiter oben beschriebenen Langspleiß werden hier die Litzenenden derart in dem einlaufenden Seilstrang versteckt, daß jeweils zwei Litzen unter- und eine überfahren werden. Was die Richtung des Versteckens anbelangt, so kann man entweder mit dem Seilschlag oder gegen diesen spleißen. In der Haltbarkeit besteht kein Unterschied, die erste Art ergibt lediglich eine etwas glattere Oberfläche der Spleißung. Der Spleiß wird zweckmäßig mit Bindedraht umwickelt, mitunter werden heute auch Schutzhüllen aus Gummi oder Kunststoff verwendet. Auch hier sei im übrigen bezüglich der Einzelheiten der Herstellung auf die Kataloge der Seilereien verwiesen.

Die Verbindung mit der Last oder der Verankerung erfolgt mittels eines durch die Kausche gesteckten Bolzens oder Schäkels. Bei einfachem Tauwerk, bei dem das Seilende lediglich an einen Pfosten oder Haken angehängt werden muß, kann man auf das Einlegen einer Kausche verzichten und in der gleichen Weise eine einfache Schlaufe anspleißen. Man nennt diese Art dann *Augenspleiß*. Eine solche Schlaufe läßt sich auch noch auf andere Weise herstellen. Dabei wird das sechslitzige Seil am Ende auf einer Länge, die dem Umfang des Auges zuzüglich der Spleißlänge entspricht, auseinandergedreht, und zwar so, daß auf der einen Seite drei nebeneinanderliegende Litzen mit der

Faserseele und auf der anderen die drei übrigen Litzen liegen. Beide Litzengruppen werden nun gegenläufig zu einer Schlaufe gebogen und auf dieser Länge wieder zum Seil zusammengefügt, so daß an der Schlaufenspitze nur die für das Verspleißen übrige Länge vorsteht. Die Litzenenden werden mit dem ursprünglichen Seil ähnlich Abb. 59 verspleißt. Diese Spleißart, die in England üblich ist und als *Flämisches Auge* (*Flemisch eye*) bezeichnet wird, kann allerdings nur ohne Kauschenkörper durchgeführt werden.

Abb. 60. Klemmring für einfachen Kauscheneinband

Anstatt die Kausche einzuspleißen, kann man den Endstrang auch an den einlaufenden Seilstrang anklemmen. Für dünne Seile von untergeordneter Bedeutung lassen sich als primitivste Art der Ausführung einfache *Klemmringe* nach Abb. 60 verwenden, die man mit dem Hammer festschlägt, Abb. 61 gibt das Aussehen eines derart hergestellten Einbandes wieder. Dieser Verbindungsart der beiden Seilstränge verwandt ist der neuzeitliche

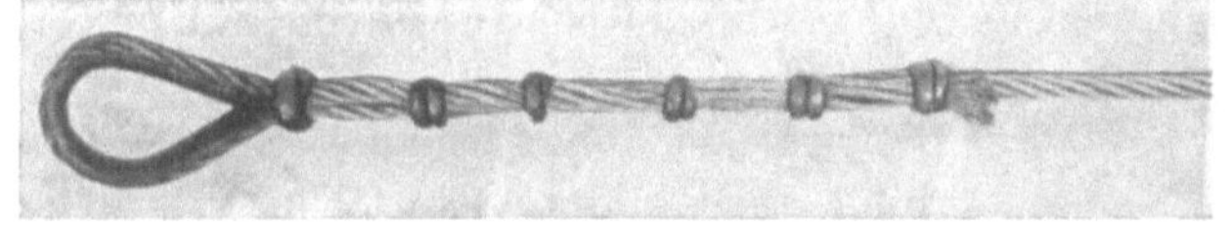

Abb. 61. Kauscheneinband mit Klemmringen nach Abb. 60

Talurit-Einband. Hier wird über beide Seilstränge eine Metallhülse geschoben, die dann unter hohem Druck in einer Presse festgepreßt wird. Das Metall füllt hier alle Hohlräume der gegeneinandergepreßten

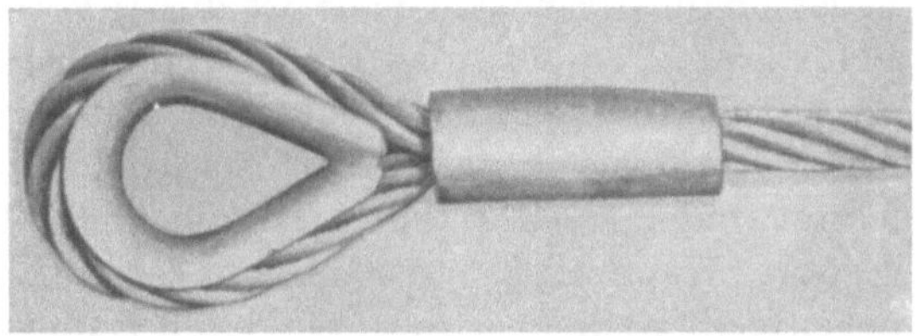

Abb. 62. Kauscheneinband mit Talurit-Klemmhülse

Seilstränge aus, wodurch der Halt erzielt wird. Abb. 62 zeigt eine solche Kauschenbefestigung. Ein englisches Verfahren verbindet diese Befestigungsart mit der Ausführungsart des *Flämischen Auges*. Die Litzenenden werden hier aber nicht mit dem einlaufenden Seilstrang verspleißt, sondern in die Rillen zwischen den Litzen gelegt, worauf eine Hülse aus weichem Stahl darübergeschoben und ebenfalls verpreßt wird. Dabei kann wiederum keine Kausche eingelegt werden. Einen

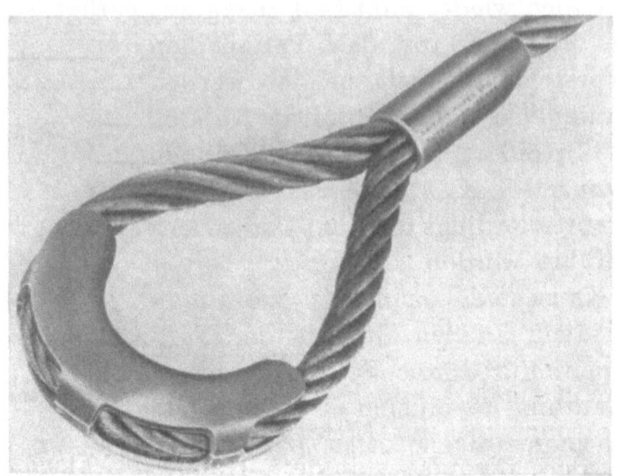

Abb. 63. „Flämisches Auge" mit Klemmhülse (Werksaufnahme British Ropes Ltd.)

gewissen Ersatz bietet aber eine Einlage im Krümmungsbogen, die mit Haltekrallen um das Seil geschlagen wird. Abb. 63 gibt eine solche Befestigung wieder.

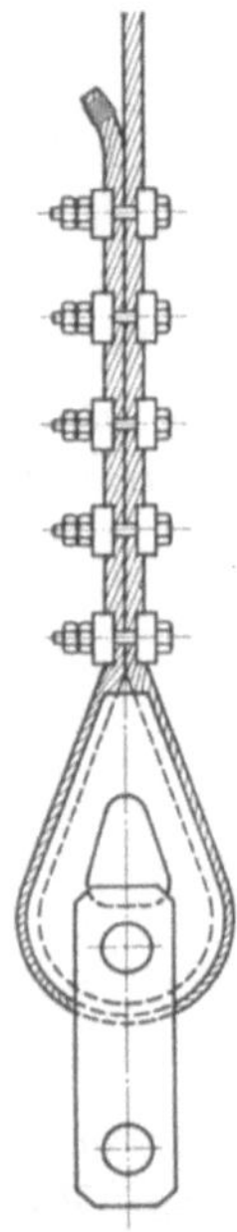

Abb. 64 Kauschen-einband mit Klemmbügeln

Für dickere und höher beanspruchte Seile verwendet man stabiler ausgebildete Kauschen, die meist aus Guß bestehen und eine passende Bohrung für den Befestigungsbolzen haben. Die Seilstränge werden durch verschraubte *Klemmlaschen* oder *Klemmbügel* verbunden. Abb. 64 zeigt die grundsätzliche Ausbildung eines solchen Einbandes. Mitunter kann man auch hier auf einen Kauschenkörper verzichten, was natürlich für die Beanspruchung des Seiles ungünstiger ist. Üblich ist dieses Verfahren bei der Befestigung von Seilen an Fördertrommeln. Das Seil wird um einen Trommelarm geschlungen, mit einigen Klemmbügeln, wie sie nachstehend beschrieben werden, befestigt und dann durch den Trommelmantel nach außen geführt. Wenn einige tote Windungen auf der Trommel liegenbleiben, dann wird durch deren Reibung der eigentliche Einband fast vollkommen entlastet, so daß das Fehlen des Kauschenkörpers sich nicht nachteilig auswirkt.

Der Krümmungshalbmesser der Kausche kann verhältnismäßig klein gewählt werden. Nach den deutschen Normen beträgt er für Förderseile in Litzenmachart etwa das 3,7fache des Seildurchmessers, aber auch für Litzenseile von untergeordneter Bedeutung sollte er nicht viel kleiner sein. Für die weniger biegsamen Förderseile in verschlossener Machart ist mindestens der 6,2fache Seildurchmesser zu nehmen, während sich für Flachseile, und zwar sowohl für Bobinenförderseile als auch für Unterseile von Schachtförderungen, ein Mindestwert gleich der 5fachen Seildicke als zweckmäßig erwiesen hat. Die Gesamtlänge der Kausche ist im allgemeinen etwa gleich dem 4fachen Krümmungshalbmesser. Wesentlich ist, daß die Rille sauber ausgeführt und der Seilrundung möglichst gut angepaßt ist. Durch den Seilzug im einlaufenden Strang hat die Kausche stets das Bestreben, sich etwas schräg in Richtung auf den Endstrang zu stellen. Um dabei Beschädigungen zu vermeiden, muß sie am oberen Ende gut abgerundet sein, wie überhaupt bei allen Teilen von Einbänden scharfe Kanten und Übergänge an den Stellen, die mit dem Seil in Berührung kommen, vermieden werden müssen.

Abb. 65. Winkelklemme

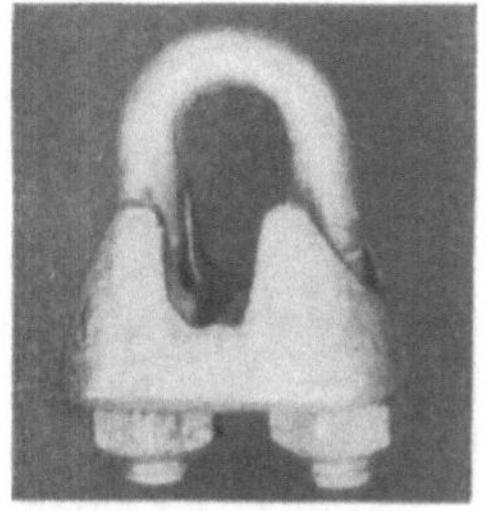
Abb. 66. Backenzahnklemme

Die Klemmbügel sind sehr verschiedenartig ausgeführt. Die einfachste Form in der Entwicklungsreihe ist die *Winkelklemme*, die in Abb. 65 wiedergegeben ist. Sie hat den Nachteil, daß sie der Seilrundung schlecht angepaßt ist, und daß das Seil durch den Rundstahl stark gequetscht wird. Bei der *Backenzahnklemme* nach Abb. 66 wird zwar das Seil gut umfaßt und hat auf der einen Seite auch eine genügend breite Auflage, der andere Seilstrang wird jedoch durch den Rundstahlbügel ebenfalls stark gequetscht. Diese Arten sollten für höherwertige Seile, die Wechselbeanspruchungen ausgesetzt sind, nicht verwendet werden. Etwas besser sind die Klemmbügel nach Art der Abb. 67 und 68. Bei diesen werden zwei Laschen aus *Flach-* oder *Vierkantstahl*, die der Seilrundung entsprechend gearbeitet sind, mit zwei Schrauben zusammengehalten und angezogen. Zu verwerfen sind in jedem Fall sehr schwere Klemmbügel mit zwei Schraubenpaaren, auch wenn die breite Auflage, die sie dem Seil gewähren, zunächst

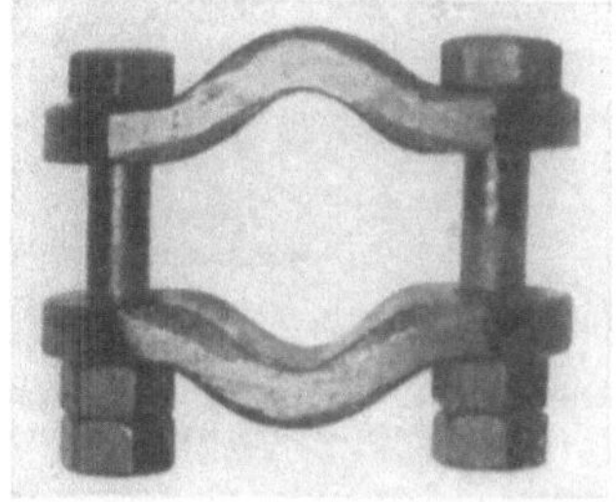
Abb. 67. Klemmbügel aus gebogenem Flachstahl

günstig erscheint. Bei leichteren Seilen werden sie ohnehin nicht verwendet, bei Förderseilen sind aber die großen Massen nachteilig, die bei Seilschwingungen leicht zu Drahtbrüchen führen, besonders wenn sie noch durch übermäßig dicke Schrauben zu stark angezogen werden. Eine große Vollkommenheit wird durch *Sonderausführungen* erreicht, bei denen beide Seilstränge möglichst weit mit breiter Auflage umfaßt werden, und deren Gewicht durch geeignete Formgebung möglichst gering gehalten ist. Als Beispiel dafür mag der *Heuer-Hammer-Klemmbügel* (Abb. 69) dienen. Sein Vorteil ist vor allem die zylindrisch ausgebildete Auflage des Schraubenkopfes und der Mutterunterlage, die ein gleichmäßiges Anziehen gewährleistet. Solche Klemmbügel sind auch für schwere Förderseile durchaus geeignet. Für Flachseile werden einfache *Flachstahllaschen*, am besten wieder nur mit einem Schraubenpaar, verwendet. Die Laschen müssen kräftig genug gehalten sein, um sich nicht beim Anziehen durchzubiegen und so das Seil nur an den Rändern zu drücken. Auch hier sind Ausführungen mit *Versteifungsrippen*, beispielsweise nach Abb. 70, vorteilhaft.

Abb. 68. Klemmbügel aus Vierkantstahl

Wichtig ist auch bei den Klemmbügeln, daß ihre Kanten gut abgerundet sind, um ein Beschädigen des Seiles beim Anziehen und

Abb. 69. Klemmbügel Bauart Heuer-Hammer (Werksaufnahme Heuer-Hammer)

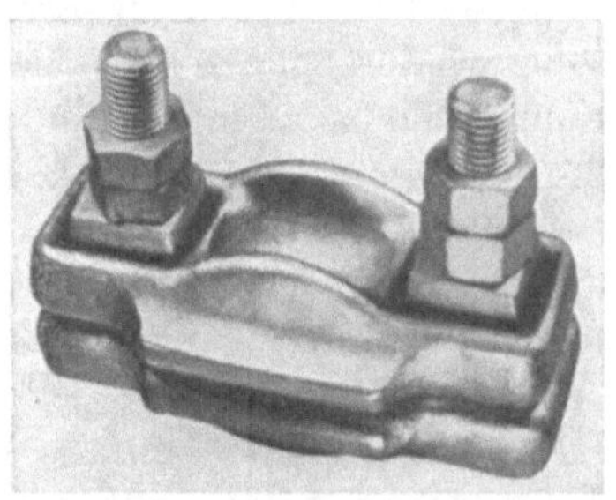

Abb. 70. Klemmbügel Bauart Heuer-Hammer für Flachseile (Werksaufnahme Heuer-Hammer)

während des Betriebes zu vermeiden. Die Schrauben sollen im übrigen nie zu fest angezogen werden, besser ist es, eine größere Zahl schwächer angezogener, als wenige stark angezogene Klemmbügel aufzusetzen. Bei Förderseilen wählt man im allgemeinen 6 bis 8 Stück, wobei man zweckmäßigerweise den untersten und den obersten Klemmbügel etwas schwächer als die übrigen anzieht, da sich gerade an diesen Stellen die dynamischen Beanspruchungen besonders ungünstig auswirken. Eine weitgehende Seilschonung erzielt man auch durch weiche Beilagen zwischen Seil und Klemmbügel sowie zwischen den beiden Seilsträngen. Als Werkstoff dafür kommt in erster Linie kräftiges Leder in Frage. Leder- oder Faserstoffbeilagen müssen jedoch vor dem Einbauen einige Stunden in Fett, Tran oder Leinöl gelegt werden, um ein Aufnehmen von Feuchtigkeit und damit ein Korrodieren der Seildrähte zu verhindern. Metallbeilagen sind nicht geeignet. Blei quetscht sich infolge seiner Plastizität beim Anziehen leicht weg, während Kupfer mit den Seildrähten bei Anwesenheit von Feuchtigkeit ein galvanisches Element bildet, das zu einem beschleunigten Korrodieren der unedleren Stahldrähte führt.

Abb. 71. Mit Klemmen aus Vierkanthölzern abgefangenes Förderseil

Das Seil soll an beiden Kauschenflanken gut anliegen, was dadurch erreicht wird, daß der erste Klemmbügel möglichst nahe an der Kausche sitzt. Die Entfernung der einzelnen Klemmbügel voneinander wird vielfach zu groß gewählt, richtig ist ein Zwischenraum gleich der 1- bis $1^1/_2$fachen Breite eines Klemmbügels. Zu große Abstände haben wegen der großen Dehnungsunterschiede der beiden Seilstränge ein Schrägstellen der Klemmbügel und ein ungenügendes Mittragen des Endstranges zur Folge.

Die gute Tragkraft der einfachen Kauscheneinbände, die schon bei normaler Klemmbügelzahl die Bruchlast des Seiles erreichen kann — sie ist natürlich je nach der Seilmachart, der Ausbildung der Klemmbügel und dem Anzug der Schrauben verschieden —, beruht weitgehend auf der durch das Umschlingen der Kausche erzeugten Reibung. Versucht man dagegen, mit den gleichen Klemmbügeln lediglich zwei gerade Seile aneinanderzuklemmen, so ist die erzeugte Reibungskraft bedeutend kleiner. Eine solche Verbindung kann höchstens als behelfsmäßige Befestigung dienen, die man im Verhältnis zur normalen Tragkraft des Seiles nur schwach beanspruchen darf, wenn nicht eine große Anzahl Klemmbügel gesetzt wird.

Zum Abfangen von belasteten Seilen, wie es beispielsweise bei Instandsetzungsarbeiten an Schachtfördereinrichtungen manchmal nötig wird, verwendet man Klemmen aus je zwei Vierkanthölzern, die mit einem entsprechenden Einschnitt für das Seil versehen sind und ebenfalls mit Schrauben zusammengezogen werden. Solche Klemmen haben eine bedeutend größere Reibung, zumal sich die Drähte und Litzen des Seiles beim Anziehen in das Holz eindrücken. Man setzt hier mehrere

Klemmen kreuzweise aufeinander, deren unterste sich auf Trägern aufstützt. Abb. 71 zeigt ein derart abgefangenes Förderseil.

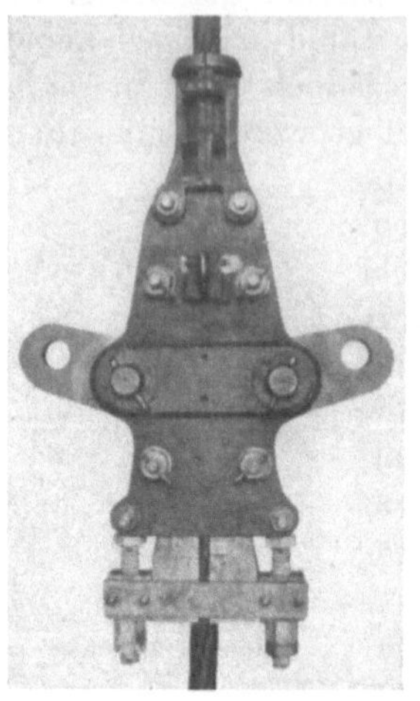

Abb. 72. Keilklemme Bauart Demag (Werksaufnahme Demag)

Im Gegensatz zu den bisher beschriebenen Befestigungsarten, bei denen entweder die Seilenden vorbereitet oder die Schrauben der Klemmbügel von Hand angezogen werden müssen, stehen die *selbstklemmenden Einbände*, die durch die *Keilklemmen* und *Klemmkauschen* verkörpert werden. Sie sind vor allem für Förderseile in Gebrauch.

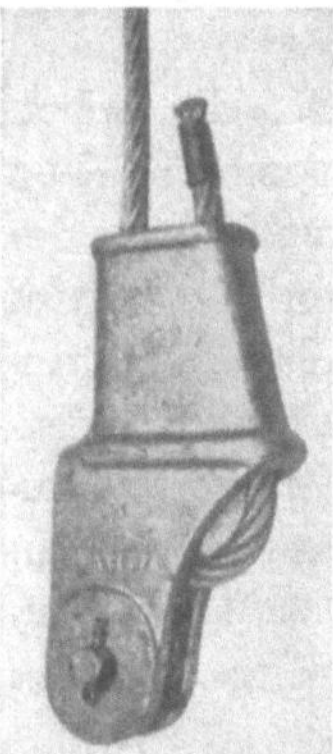

Abb. 73. Einfache Klemmkausche

Von den *Keilklemmen* sei als Beispiel die wohl am weitesten verbreitete Bauart *Demag* erwähnt, deren Aussehen und Wirkungsweise aus Abb. 72 hervorgeht. Links ist die Klemme in Ansicht, rechts nach Abheben einer Gehäusehälfte wiedergegeben. Das Schachtfahrzeug wird mittels Ketten an den beiden seitlich herausragenden Hebeln befestigt. Das Seil ist zwischen zwei Stahlkeile eingeklemmt, die unter der Belastung durch die Exzenternocken gegen das Seil gedrückt werden. Die beiden Schrauben am unteren Teil der Klemme dienen lediglich zur Sicherung und zum Lösen. Vorteilhaft ist besonders für sehr schwere Seile, daß das Seil beim Einbinden nicht gebogen zu werden braucht.

Bei den *Klemmkauschen*, die in einer einfachen Form, wie sie Abb. 73 zeigt, auch für Seile von untergeordneter Bedeutung gebräuchlich sind, wird das Seil um einen Kauschenkörper geschlungen. Dieser zieht sich unter Belastung in ein Gehäuse ein und wirkt als Keil, der das Seil beiderseitig festklemmt. Für Förderseile sind gut entwickelte Klemmkauschen heute weit verbreitet. Als Beispiele mögen die Bauart *Droste* in Abb. 74 und die *Schrägklemmkausche* der *Gutehoffnungshütte* in Abb. 75 dienen. In den Abbildungen ist jeweils wieder links die äußere Ansicht, rechts das Aussehen nach Abheben eines Seitenschildes dargestellt.

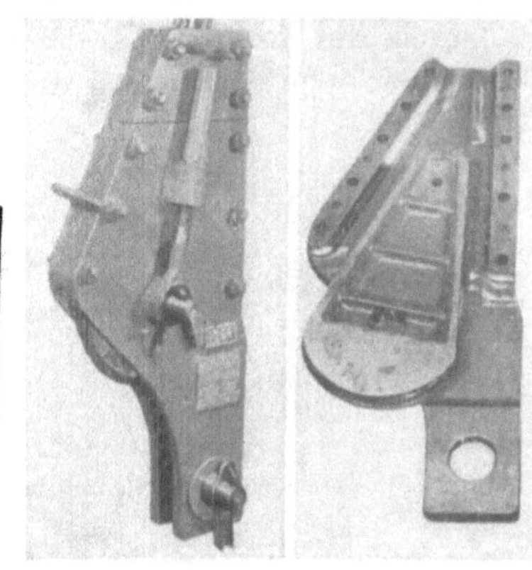

Abb. 74. Klemmkausche Bauart Droste (Werksaufnahme Heuer-Hammer)

Wesentlich bei allen Einbänden, besonders bei denen für schwere Seile, ist, daß sie das Seil schonen und etwaige Schwingungen möglichst weich abklingen lassen. Für Förderseile ist außerdem ein leichtes Handhaben und die Möglichkeit eines raschen Kürzens zum Ausgleich von bleibenden Längenänderungen der Seile nötig, was bei den Keilklemmen und Klemmkauschen durch einfaches Lösen der Klemmung und Durchziehen des Seiles erreicht wird.

Der vorliegende Abschnitt kann in Anbetracht der außerordentlich großen Zahl der Befestigungsarten natürlich keinen Anspruch auf Vollständigkeit machen, es sollten lediglich die grundsätzlichen Arten umrissen werden, wobei jeweils auch die geschichtliche Entwicklung berücksichtigt wurde. Auch auf eine eingehende Kritik der einzelnen Bauarten und Ausführungen wurde verzichtet, da eine solche den Rahmen dieses Werkes übersteigen würde.

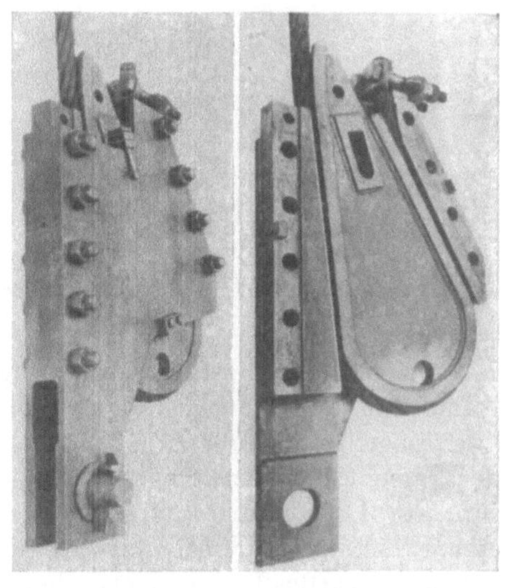

Abb. 75. Schrägklemmkausche der Gutehoffnungshütte (Werksaufnahme Gutehoffnungshütte Oberhausen AG., Werk Sterkrade)

8. Verschleiß, Lockerung, Entdrallen, Entformungen

Die natürlichste Art des Schadhaftwerdens eines Seiles ist der *Verschleiß*. Der normale Verschleiß beschränkt sich zunächst auf die Außendrähte, er entsteht entweder durch rollende oder durch gleitende Reibung. Um den Verschleiß möglichst gering zu halten, müssen die mit dem Seil in Berührung kommenden Teile der Betriebseinrichtung entsprechend günstig ausgebildet und angeordnet werden, wie bereits in Abschn. 6 näher ausgeführt wurde.

Durch die Reibung trennen sich kleine Stahlteilchen von der Drahtoberfläche, ohne daß diese eine nennenswerte Gefügeänderung

Abb. 76. Litzenseil mit normalem Verschleiß der Außendrähte

erleidet. Es findet lediglich eine stetige Querschnittsverminderung von außen her statt. Abb. 76 zeigt ein Litzenseil, dessen Außendrähte am Seilumfang auf diese Weise verschlissen sind.

Entsteht der Verschleiß unter starkem seitlichem Druck, was bei verschiedenen in Abschn. 6 näher beschriebenen und als nachteilig

Abb. 77. Litzenseil mit Gratbildung an den Verschleißstellen der Außendrähte

gekennzeichneten Betriebseinrichtungen der Fall ist, so geht Hand in Hand mit dem Abtragen der Stahlspänchen ein Kaltverformen der Drahtoberfläche. Äußerlich kenntlich ist dies daran, daß die Ränder der Verschleißflächen umgebördelt sind, also mehr oder weniger ausgeprägte Gratbildung aufweisen. Abb. 77 zeigt diesen Zustand an einem Trommelförderseil, bei dem der Verschleiß durch zu geringen Rillenabstand des Trommelbelags hervorgerufen wurde, während Abb. 78 das Aussehen des Zugseils einer Lastseilbahn wiedergibt, bei der die Backen der Mitnehmer für die Wagen das Seil nicht einwandfrei faßten.

Überall, wo ein derartiger Verschleiß unter starkem Druck auftritt, liegt aber ein Fehler in der Betriebseinrichtung vor, der mindestens bei Neuanlagen vermeidbar ist.

Der Verschleiß an sich ist noch nicht schädlich. Ein Seil wird vielmehr erst dann unbrauchbar, wenn als Folge des Verschleißes *Drahtbrüche* oder eine stärkere *Lockerung* der Drähte entstehen. Bei der an zweiter Stelle beschriebenen Art des Verschleißes, die unter starkem seitlichem Druck entsteht, werden meist vorzeitig Drahtbrüche auftreten. Der Draht weist ja schon durch die Herstellung einen außerordentlich hohen Grad von Kaltverformung auf. Wenn diese an der Oberfläche noch verstärkt wird, dann ist die Grenze der Verformungsfähigkeit bald erreicht, und es bilden sich Anrisse, die hauptsächlich von dem Grat an den Rändern der Verschleißstellen ausgehen und

Abb. 78. Seilbahnzugseil mit stark verschlissenen und verformten Außendrähten

unter den Wechselbeanspruchungen des Betriebes den Bruch herbeiführen. Es sei hier auch auf Abb. 107 in Abschn. 9 verwiesen. Den Drahtbrüchen, die keinesfalls immer eine Folge des Verschleißes sind, ist im übrigen ein besonderer Abschnitt gewidmet, hier soll deshalb nur auf die *Lockerung* eingegangen werden.

Der Verschleiß tritt zunächst an der Berührungsstelle des Seiles mit dem verschleißenden Mittel auf, also am Seilumfang. Die Außendrähte werden dadurch von außen her immer mehr abgeschliffen. Wenn nun die Außenlage nicht vollkommen fest auf der nächsten Lage aufliegt, so reiben sich die Außendrähte beim Arbeiten des Seiles auf den darunterliegenden Drähten, es entsteht also auch hier Verschleiß. Dieser Verschleiß, von dem die Außendrähte auf der Innenseite und die Innendrähte auf der Außenseite betroffen werden, führt zwangsweise zu einer Verstärkung der zunächst geringen Lockerung der Außenlage. Die Folge ist, daß die Außendrähte entlastet werden, und daß schließlich nahezu die ganze Belastung von den inneren Drahtlagen aufgenommen wird. Besonders empfindlich sind in dieser Hinsicht Litzenseile in Gleichschlag, die infolge ihrer von Anfang an weniger innigen Verseilung an sich leichter zur Lockerung neigen als Kreuzschlagseile. Wenn die Lockerung so stark geworden ist, daß man die Außendrähte mit einem Schraubenzieher gegeneinander verschieben kann, oder daß man, bei dickeren Seilen, beim Abklopfen mit einem leichten Hammer keinen festen Klang mehr hört, dann ist es meist an der Zeit, das Seil abzulegen, auch wenn es noch keine oder nur wenige Drahtbrüche

Abb. 79. Förderseil, durch Verschleiß gelockert

aufweist. Abb. 79 zeigt diesen Zustand an einem Förderseil. Bei einer solchen Stärke der Lockerung kann ein weiterer Verschleiß im Innern bis zur vollständigen Zerstörung und zum Bruch vollends außerordentlich rasch vor sich gehen, vor allem, wenn das Seil in einer nassen Atmosphäre arbeitet und so noch dem Rostangriff ausgesetzt ist. Das Wasser kann durch die lockere Außenlage ungehindert eintreten und im Innern mit zu der Zerstörung beitragen. Auf die letztgenannte Erscheinung ist in Abschn. 10 noch näher eingegangen.

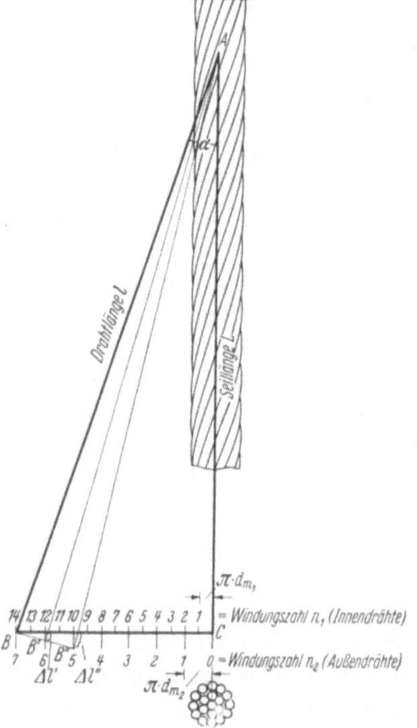

Abb. 80. Schematische Darstellung der Lockerung beim Entdrallen einer Litze

Ein Lockern der Drähte ist auch durch *Entdrallen* möglich, was an Hand der Abb. 80 erläutert werden soll. Es sei hier in Anlehnung an Abb. 39 in Abschn. 5 wieder ein einfach geschlagenes Seil angenommen, das aus einem Kerndraht und zwei Lagen von 6 und 12 gleich dicken Drähten in normalem Schlag besteht. Beide Lagen sollen die gleiche Schlagrichtung haben. AB stellt die Abwicklung eines Drahtes der ersten und zweiten Lage dar und ist gleich der Drahtlänge l. AC ist gleich der Seillänge L, während BC dem Produkt aus der Windungszahl n und dem mittleren Umfang $\pi \cdot d_m$ der betreffenden Drahtlage entspricht. Bei der angenommenen Machart ist

$$d_{m_2} = 2 d_{m_1}, \tag{1}$$

d_{m_1} bedeutet den mittleren Durchmesser der Innenlage, d_{m_2} den der Außenlage. Bei gleichem Schlagwinkel α ist $n \cdot \pi \cdot d_m = BC$ für beide Lagen gleich, also ist

$$n_1 \cdot \pi \cdot d_{m_1} = n_2 \cdot \pi \cdot d_{m_2} \tag{2}$$

oder

$$n_1 = 2 n_2 \tag{3}$$

[aus Gl. (1) und (2)].

Wenn beispielsweise die Windungzahl der Außenlage auf der Länge der angenommenen Seilstrecke $n_2 = 7$ ist, dann ist die der Innenlage $n_1 = 14$. Die Strecke BC in Abb. 80 ist für beide Lagen in diese Windungszahlen eingeteilt. Das eingezeichnete Seil und der Querschnitt dienen nur zum besseren Verständnis und sind nicht maßstäblich zu werten.

Dreht man nun zwei Windungen aus dem Seil heraus, so ist $n_2 = 5$ und $n_1 = 12$. Unter der Annahme, daß sich die Lagen gegeneinander verschieben können und nach wie vor fest aufliegen, käme dann der Innendraht in die Lage AB', der Außendraht in die Lage AB''.

Während die Länge des Kerndrahtes nach wie vor gleich der ursprünglichen Seillänge L ist, ergibt sich nunmehr für die Innendrähte ein Längenüberschuß von $\Delta l'$, für die Außendrähte von $\Delta l''$, er ist also für die Außenlage größer als für die Innenlage. Im Betrieb können sich die einzelnen Drahtlagen im allgemeinen nicht übereinanderschieben. Zunächst bildet sich deshalb ein neues Gleichgewicht in der Verteilung der Belastung aus, und zwar wird die Spannung im unverseilten Kerndraht am stärksten und in den Außendrähten am schwächsten. Entsprechend dieser Belastungsverteilung stellt sich auch die neue Länge des Seiles ein, die stets größer als die ursprüngliche ist. Da der Kerndraht nur einen kleinen Anteil am tragenden Querschnitt hat, übernimmt die innere Drahtlage den hauptsächlichen Anteil der Belastung. Die Außenlage ist je nach dem Grad des Aufdrehens stark entlastet oder aber gelockert und damit kaum mehr an der Aufnahme der Belastung beteiligt.

Noch ungünstiger wirkt sich ein Aufdrehen bei Litzen in Parallelschlag aus, wie eine entsprechende zeichnerische Untersuchung ergibt, und zwar in steigendem Maß bei der Seale-, Warrington- und Fülldrahtmachart.

Genau wie bei den Litzen ist die Wirkung des Aufdrehens bei Gleichschlagseilen. Wenn ein solches Seil im Sinne des Litzenschlages aufgedreht wird, dann drehen sich auch die Litzen in sich auf, die Außendrähte lockern sich also. Besonders empfindlich gegen Aufdrehen sind Seile mit entgegengesetzter Schlagrichtung der inneren Drahtlage. Wenn sich hier die Außenlage aufdreht und länger wird, dreht sich die Innenlage zu, sie wird also kürzer.

Die Überbeanspruchung der Innendrähte verbunden mit einer Entlastung der Außendrähte fällt besonders schwer ins Gewicht, weil die letzteren durch ihre größere Anzahl den Hauptanteil am Querschnitt haben. Ein weiterer Nachteil wurde bereits bei der Lockerung durch Verschleiß besprochen. Beim Laufen des Seiles über die Scheiben reiben sich die äußeren Drähte auf den darunterliegenden und führen so

Abb. 81. Örtliche starke Lockerung der Außendrähte eines entdrallten Gleichschlagseiles

einen starken inneren Verschleiß herbei. Der Vorgang der weiteren Zerstörung ist der gleiche wie bei der durch Verschleiß entstandenen Lockerung.

Auch noch auf andere Weise wirkt sich mitunter eine Lockerung aus. In einem entdrallten oder infolge mangelhafter Herstellung schon bei der Anlieferung lockeren Litzenseil ist der Längenüberschuß der Außendrähte zunächst gleichmäßig auf die ganze Länge verteilt. Während des Betriebes kann er nun durch den Druck der Seilscheibenrillen, besonders wenn diese das Seil gut umfassen, nach einer Stelle massiert werden. Hier heben sich bei längeren Seilen die Drähte nach Art der Abb. 81 in Schlingen, teilweise sogar korbartig vom Seil ab, während sich die Litzen auf der übrigen Länge wieder festigen. Solche Erscheinungen treten gewöhnlich schon nach verhältnismäßig kurzer Betriebszeit an den Stellen auf, die am Ende des Arbeitshubes hinter der letzten Rillenscheibe liegen, also beispielsweise bei Schachtförderseilen in ihrer Endstellung unmittelbar unterhalb der Seilscheibe auf der Seite des oben befindlichen Schachtfahrzeuges, am sogenannten *Seilscheibenangriff*. Sie bedeuten natürlich eine erhebliche Schwächung, weil die Außenlage für die Aufnahme der Belastung fast vollkommen ausfällt. In vielen Fällen, gerade auch bei Schachtförderseilen, kann die Entformung, soweit sie noch nicht zu weit fortgeschritten ist, durch Eindrehen von Drall wieder beseitigt werden. Auf der ganzen übrigen Seillänge tritt dann zunächst eine Überspannung der Außendrähte ein, die sich beim weiteren Betrieb auf Kosten der Überlängen an der entformten Stelle wieder ausgleicht. Gegebenenfalls ist das Eindrehen von Drall mehrmals zu wiederholen.

Bei verschlossenen Förderseilen sowie Tragseilen von Seilschwebebahnen und Kabelbaggern werden ähnliche Erscheinungen beobachtet. Die verstärkte Lockerung der Außenlage kann hier zu einem Herausspringen einzelner Formdrähte und damit zu einer Zerstörung des ganzen Seilgefüges führen. Abb. 82 zeigt eine solche entformte Stelle. Bei verschlossenen Seilen, und zwar sowohl bei Tragseilen als auch bei Förderseilen, ist zum Vermeiden dieser Schäden auf ein besonders sorgfältiges Abbinden der freien Enden bei der Herstellung und beim Abschneiden einzelner Strecken zu achten. Wenn das nicht geschieht, dann können sich trotz der grundsätzlichen Drallfreiheit, die diese Seile durch die verschiedene Schlagrichtung einzelner Lagen haben, die Drahtlagen auf den Endstrecken in sich aufdrehen. Sie schieben sich dann röhrenartig in Längsrichtung übereinander, wodurch ebenfalls das Seilgefüge gestört und die Haltbarkeit beeinträchtigt wird, Abb. 83 zeigt das Ende eines solchen ungenügend abgebundenen Tragseiles einer Lastseilbahn.

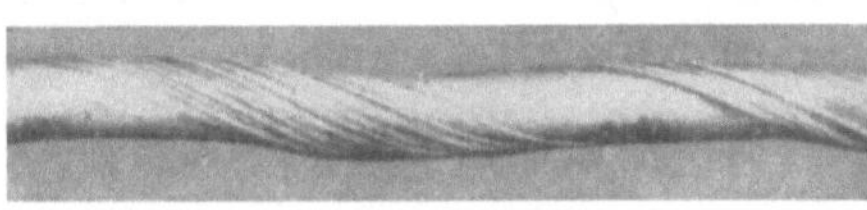

Abb. 82. Örtliche starke Lockerung der Außendrähte eines Seiles in verschlossener Machart

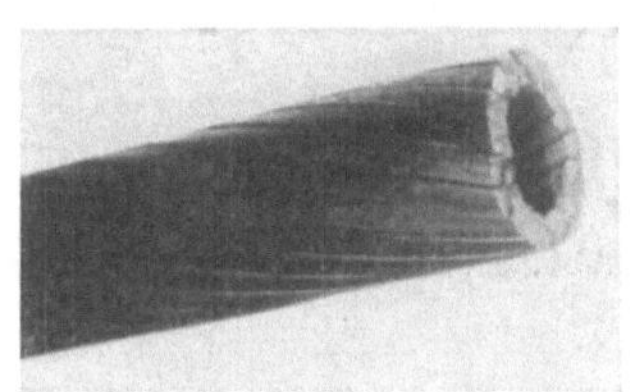

Abb. 83. Ende eines ungenügend abgebundenen Seilbahntragseiles in verschlossener Machart

Wie erwähnt, kann bei Litzenseilen ein Lockern der Außenlage durch Entdrallen nur eintreten, wenn sie in Gleichschlag hergestellt sind. Dreht sich dann das Seil im Sinne des Seilschlags auf, so drehen sich im Gegensatz zum Kreuzschlag auch die einzelnen Litzen auf. Gleichschlagseile können also, wie bereits in Abschn. 2 ausgeführt wurde, keinesfalls zum Fördern frei schwebender Lasten verwendet werden, da die Folge dann in den meisten Fällen schon nach kurzer Zeit eine vollkommene Zerstörung oder ein Bruch des Seiles sein würde. Als Beispiel dafür sei der Fall eines in Gleichschlag hergestellten Förderseiles in einem Abteufbetrieb aufgeführt, das nach einer Aufliegezeit von etwa zwei Monaten riß [*22*]. Das Aussehen der Drähte an der Bruchstelle und in deren Nähe ist in Abb. 84 wiedergegeben. Sie waren vollkommen kantig geschlissen, was auf ein gegenseitiges Arbeiten infolge des durch Drallverlust gelockerten Litzenschlags zurückzuführen ist. Besonders bemerkenswert ist aber, daß die Drähte jeweils am Bruchende und an anderen durch Verschleiß geschwächten Stellen regelrechte Verwindungen zeigten. Auch die Ausbildung der Bruchenden kennzeichnete durchweg reine Verwindebrüche, die ebenso aussahen, wie wenn die Drähte in einer Verwindemaschine geprüft worden wären. Die Erscheinung ist dadurch zu erklären, daß sich die Verwindespannungen der Drähte, die durch das Aufdrehen des Seiles verursacht wurden und die zuerst über das ganze Seil verteilt waren, auf den geschwächten Stellen auslösten.

Ein Entdrallen wirkt sich naturgemäß besonders ungünstig bei Seilen mit sehr vielen Drähten aus, also bei den bereits in Abschn. 5 als ungünstig bezeichneten Macharten mit 61 und 91 Drähten in einer Litze, weil hier die durch das Aufdrehen bewirkte Unregelmäßigkeit bedeutend größer als bei einem Seil mit nur zwei Lagen ist.

Aus den vorstehenden Ausführungen geht hervor, daß beim Arbeiten mit Gleichschlagseilen unbedingt ein Entdrallen vermieden werden

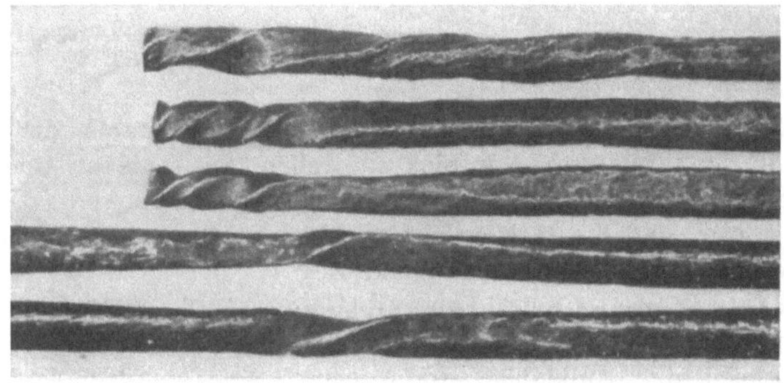

Abb. 84. Drähte mit Verwindungen aus einem im Betrieb gerissenen Abteufförderseil in Gleichschlag

muß. Wichtig ist dies vor allem bei Förderseilen infolge ihrer großen Länge. Keinesfalls darf ein solches Seil beim Auflegen frei in den Schacht eingehängt, oder der als lästig empfundene Drall absichtlich ausgelassen werden, wie es bei ungeschultem Personal vorkommt. Sein Ende muß vielmehr während des Einhängens mit einem Schlitten geführt werden, um ein Aufdrehen zu verhindern. Natürlich kann es auch, je nach der Arbeitsweise, schon gleich am Korb oder Gefäß angeschlagen und mit diesem eingelassen werden. Das Entdrallen kann aber durch unsachgemäßes Arbeiten auch auf andere Weise eintreten. Öfters wird ein neu aufzulegendes Förderseil an das alte angespleißt oder angeklemmt, um es so über die Scheiben zu ziehen oder in den Schacht einzuhängen. Dabei kann Drall von dem drallreichen neuen Seil in das durch den langen Betrieb drallärmer gewordene alte Seil einlaufen. Wenn an einem Schacht dauernd so verfahren wird, so wird jedes folgende Seil stärker entdrallt. Eine andere Möglichkeit ist beispielsweise gegeben, wenn ein Seil von einem Haspel nach Abb. 85 *axial* abgezogen wird. Beim Abnehmen jeder Windung dreht es sich dann um eine volle Umdrehung zu oder auf. Im ersten Fall wird der Drall verstärkt, das

Seil wird also Neigung zum Verklanken (s. S. 78) zeigen, im zweiten Fall wird das Seil entdrallt. Richtig ist vielmehr ein *tangentiales* Abziehen nach Abb. 86.

Auf alle derartigen Möglichkeiten ist also zu achten. Die angeführten Beispiele sollen nur einen Hinweis geben, nach welchen Gesichtspunkten die Überlegungen beim Arbeiten mit Seilen gemacht werden müssen. Sollte doch etwas Drall aus einem Seil ausgelaufen sein, so kann dieser vor der Inbetriebnahme wieder eingedreht werden. Bei Gleichschlagseilen schadet ein solches Eindrehen von Drall keinesfalls, da sich eine Festigung der Außenlage immer vorteilhaft auswirken wird.

Abb. 85. Axiales Abziehen eines Seiles vom Haspel (falsch)

Eine Erscheinung soll noch kurz erwähnt werden, die bei schwereren einlagigen Litzenseilen, also vorwiegend bei Förderseilen, beobachtet wird. Diese Seile drehen sich während des Betriebes, obgleich sie an ihren Enden so geführt sind, daß ein Drallverlust unmöglich ist [*8*]. Infolge des Eigengewichts werden die verschiedenen Seilquerschnitte verschieden belastet, die oberen also stärker als die unteren. Dies führt zunächst zu einem Aufdrehen des Seiles im oberen Teil des Schachtes und infolgedessen zu einem Zudrehen der unten befindlichen Strecke. Während jedes Zuges ändern sich die Belastungsverhältnisse, so daß sich ständig ein neues Gleichgewicht einzustellen versucht, man spricht von einer *Drallverschiebung* oder einer *Drallwanderung*. Maßgebend dafür sind natürlich nicht nur die statischen Belastungsänderungen, sondern auch die Beschleunigungs- und Verzögerungskräfte. Im Lauf der Betriebszeit stellt sich auch eine gewisse bleibende Veränderung der Schlaglängen ein, und zwar ist der Seilschlag unmittelbar über den Einbänden der Schachtfahrzeuge stets kürzer als der ursprüngliche Wert, während er bei Trommelförderungen in der Nähe des Trommeleinbandes, bei Koepeförderungen im mittleren Teil des Seiles länger ist.

Abb. 86. Tangentiales Abziehen eines Seiles vom Haspel (richtig)

Wenn bei einem beiderseits befestigten oder drallsicher geführten drallreichen Seil, besonders also bei einem Gleichschlagseil, Hängeseil entsteht, so wirft es infolge des Dralles eine Schlinge, wie sie in Abb. 87 zu erkennen ist. Wird diese rechtzeitig bemerkt, so läßt sie sich wieder aus dem Seil herausdrehen, eine bleibende Beschädigung oder Schwächung tritt nicht ein. Anders liegt der Fall, wenn die Schlinge nicht bemerkt oder nicht beachtet wird. Beim Belasten zieht sie sich dann fest und bildet eine *Klanke*. Eine solche festgezogene Klanke ist in Abb. 88 wiedergegeben. Die Litzen und Drähte sind verlagert, die Faserseele tritt teilweise zwischen den Litzen an die Oberfläche. Zugversuche im ganzen Strang an solchen Stellen ergeben gegenüber dem gesunden Seil Schwächungen bis zu 15%. Bei einer genügend hohen Anfangssicherheit ist dies zunächst nicht weiter bedenklich. Wenn die entformte Stelle allerdings über die Scheiben läuft, so kann durch den verstärkten seitlichen Druck auf die verlagerten Drähte bald eine Zerstörung eintreten, die ein Ablegen notwendig macht. Bei Förderseilen wird eine Klanke meist durch Hängeseil kurz über dem Einband entstehen, also in dem Stück, das nicht mehr mit den Scheiben in Berührung kommt. Wegen der oft starken Schwingungen, die sich auf dieser Strecke auswirken, ist es aber vor allem bei Einrichtungen mit schweren Dampffördermaschinen und lebhaftem Betrieb nicht empfehlenswert, die Beschädigung hier allzulange zu belassen, da durch die ungünstigen gegenseitigen Berührungsverhältnisse der Drähte die Möglichkeit des Entstehens innerer Drahtbrüche gegeben ist (s. Abschn. 9). Trommelseile kann man meist auf Kosten der Reservewindungen um so viel kürzen, daß die entformte Stelle wegfällt. Auch bei Koepeförderseilen ist es vielfach möglich, entweder durch die während der Betriebszeit eintretende bleibende Dehnung des Seiles oder durch Einbauen von Laschen in das Zwischengeschirr die Klanke an eine Stelle des Einbandes zu bringen, an der das Seil teilweise entlastet ist. Keinesfalls darf die Entformung an eine Stelle verlegt werden, wo sie seitlichem Druck ausgesetzt ist. Wenn sich die Klanke kurz über dem Einband befindet, kann das Seil aber auch ausgebessert werden [5]. Es wird nach Festlegen der Körbe oder Gefäße aus dem Einband gelöst und in genügender Länge auf die Hängebank oder eine Bühne gezogen. Oberhalb der beschädigten Stelle wird eine Drallklemme angebracht. Nun wird Litze für Litze aus dem Seilverband herausgedreht, mit einem Kupferhammer auf einer Holzunterlage ausgerichtet und wieder in das Seil eingelegt. Mit diesem Verfahren, das erstmalig auf Anregung der Bergbaulichen Werkstoff- und Seilprüfstelle Berlin angewandt

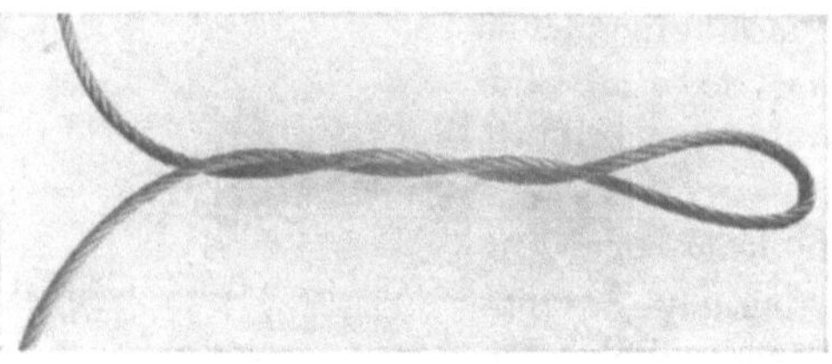

Abb. 87. Schlingenbildung eines Seiles infolge von Drall

Abb. 88. Festgezogene Klanke

wurde, werden sehr gute Erfolge erzielt. Meist sind nach einiger Betriebszeit kaum mehr Spuren einer Entformung zu erkennen. Es muß jedoch betont werden, daß die Arbeit eine große Sachkenntnis erfordert und nur durch Facharbeiter einer Seilerei ausgeführt werden sollte. Das Ausrichten der Klanken empfiehlt sich aus wirtschaftlichen und sicherheitlichen Gründen vor allem bei solchen Förderseilen, von denen noch eine lange Betriebszeit erwartet werden kann.

Abb. 89. Korkenzieherbildung an einem Förderseil

Andere Entformungen von Litzenseilen, die hauptsächlich bei Förderseilen vorkommen, sind die *schraubenartige Entformung*, wegen ihres Aussehens auch *Korkenzieher* genannt, und die *Knotenbildung*.

Die *Korkenzieherbildung* wird dadurch hervorgerufen, daß sich einzelne Litzen mehr oder weniger stark in das Seil einziehen, also am Seilumfang gegenüber den übrigen zurücktreten. Der Unterschied macht bei schweren Förderseilen oft mehrere Millimeter aus. Abb. 89 gibt das kennzeichnende Aussehen eines solchen Seiles im Betrieb wieder, wo die Entformung durch die Lichtwirkung der infolge des Verschleißes heller erscheinenden vorstehenden Litzen besonders hervorgehoben wird. Die Erscheinung hat ihre Ursache wohl meist in einem Verschleiß oder einer zu schwachen Bemessung der Faserseele, die dann den Litzen keine genügend gute und gleichmäßige Auflage bietet. Der Seilquerschnitt entspricht etwa der linken Darstellung in Abb. 90, die rechts zum Vergleich den Querschnitt eines einwandfreien Seiles zeigt. Auch die Drallverschiebung kann unter Umständen das Entstehen von Korkenziehern begünstigen, denn auf den Strecken, auf denen sich das Seil unter ihrem Einfluß zudreht, vergrößert sich sein Durchmesser und damit der von den Litzen umschlossene Raum, so daß eine ursprünglich ausreichend bemessene Seele hier im Verhältnis zu dünn ist. Tatsächlich beobachtet man die Entformung häufiger gerade auf den Endstrecken, die dieser Einwirkung unterliegen.

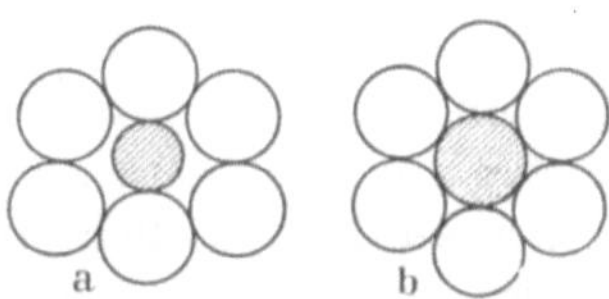

Abb. 90. Schematische Darstellung der Querschnitte eines Seiles mit Korkenzieher (a) und eines nicht entformten Seiles (b) (nach HERBST [8])

Seilproben, die aus Strecken mit derartigen Entformungen entnommen sind, zeigen bei Zugversuchen im ganzen Strang im allgemeinen nicht nur keine Schwächung gegenüber normalen

Abschnitten des gleichen Seiles, sondern vielfach eine geringe Zunahme der Bruchlast. Dies erklärt sich wohl dadurch, daß das Nachgeben der Faserseele einen gewissen Ausgleich etwa vorhandener Spannungsunterschiede der verschiedenen Litzen ermöglicht und somit zu einem gleichmäßigeren Tragen aller Litzen führt, wobei sich die ursprünglich etwas stärker gespannten Litzen einziehen. Natürlich werden die vorstehenden Litzen rascher verschleißen als die eingezogenen, auch erfahren ihre Drähte durch den erhöhten spezifischen Seitendruck in den Scheibenrillen stärkere sekundäre Biegebeanspruchungen. Durch diese Einflüsse wird die Lebensdauer der Seile vielleicht etwas beeinträchtigt, im übrigen geben die Entformungen aber besonders bei Gleichschlag zu keiner Besorgnis Veranlassung. Bei Kreuzschlag ist wegen der an sich schon stärkeren Druckstellen der Drähte an den Litzenberührungsstellen, die durch das Verlagern der Litzen noch verstärkt werden, namentlich in Gegenwart von Rost eine etwas vorsichtigere Beurteilung am Platz.

Außer der beschriebenen Art von Korkenziehern, die sich im allgemeinen auf größere Längen erstrecken und erst nach längerer Betriebszeit entstehen, sofern nicht schon das neue Seil eine mangelhafte Faserseele aufweist, werden öfters kurze Zeit nach dem Auflegen ziemlich stark ausgeprägte Korkenzieherbildungen von nur 2 bis 3 m Länge an den Stellen beobachtet, die bei jeweils höchster Stellung der Schachtfahrzeuge unmittelbar unterhalb der zugehörigen Seilscheibe liegen, also am Seilscheibenangriff. Vermutlich handelt es sich dabei, im Gegensatz zu der vorher beschriebenen Art, um eine Anhäufung von Drallspannungen, die durch die Scheibenrillen an die Endstellen der Laufstrecke des Seiles verschoben werden und sich infolge der Reibung nicht über die Scheibe weg ausgleichen können. Ein Auslassen von Drall führt aber erfahrungsgemäß höchstens zu einer vorübergehenden Verminderung der Entformung. Es ist auch denkbar, daß geringe Überlängen einzelner Litzen, die sich vorher auf die ganze Seillänge verteilen, an diese Stellen hinmassiert werden und sich in einem Hervortreten gegenüber den übrigen Litzen bemerkbar machen. Diese Art der Korkenzieherbildung ist vollkommen gefahrlos und ohne Einfluß auf die Haltbarkeit des Seiles, da die Stelle nicht mehr über die Scheiben läuft und auch keinem Verschleiß unterliegt.

Bei der *Knotenbildung*, deren Aussehen in Abb. 91 auf einer größeren Länge an einem in Betrieb befindlichen Förderseil wiedergegeben ist, treten in periodischer Reihenfolge Verdickungen und Einschnürungen auf. Die Ursache dafür ist ein Zermürben und Reißen der Faserseele. Abb. 92 zeigt oben ein so entformtes Seilstück mit zwei Knoten, darunter die Faserseele nach Abwickeln der Litzen. Die Erscheinung kann durch Verwenden von minderwertigem Faserstoff für die Seele schon verhältnismäßig kurze Zeit nach der Inbetriebnahme auftreten, meist zeigt sie sich jedoch erst nach ziemlich langer Betriebszeit, vor allem wenn bei an sich guten Seilen der Faserstoff der Seele zerstört wird, ehe das Seil durch Verschleiß, Drahtbrüche oder Rost unbrauchbar wird. Das Zusammenschieben des zermürbten Faserstoffs in periodischen Abständen, das mit erheblicher Kraft vor sich gehen muß, um

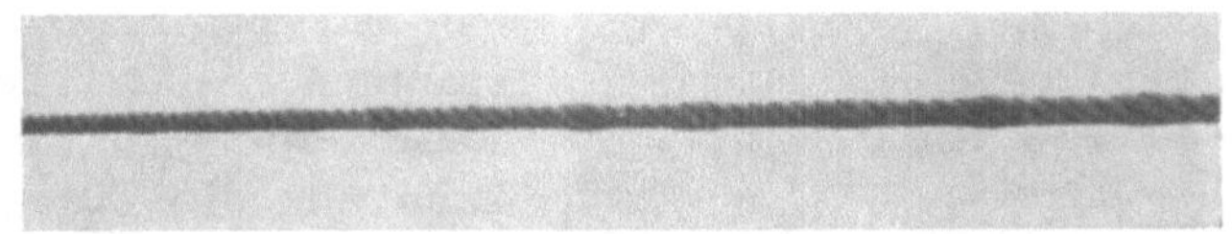

Abb. 91. Knotenbildung an einem in Betrieb befindlichen Förderseil

die belasteten Litzen auseinanderdrücken zu können, läßt sich nur durch Schwingungserscheinungen im Seil erklären. Die Knotenbildung ist besonders in der ersten Zeit ihres Auftretens ebenfalls nicht bedenklich. Ungünstig wirkt sich mit der Zeit allerdings der verstärkte

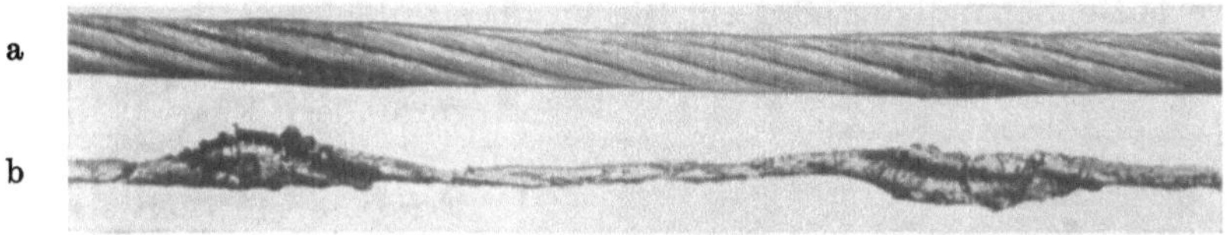

Abb. 92. Knotenbildung an einem Förderseil, äußere Ansicht (a) und herausgelöste Faserseele (b)

Verschleiß an den verdickten sowie der verstärkte gegenseitige Druck der Litzen an den eingeschnürten Stellen aus.

Die schraubenartigen Entformungen von Litzenseilen haben nichts gemeinsam mit den ähnlich aussehenden *Wellenbildungen*, die an Förderseilen in verschlossener Machart häufig beobachtet werden und deren Aussehen aus Abb. 93 hervorgeht. Solche Entformungen treten im allgemeinen schon nach kurzer Betriebszeit meist in der Nähe des Schachtfahrzeuges oder der Trommel auf, verstärken sich ziemlich rasch und erstrecken sich bald auf größere Längen. Die unmittelbare Ursache liegt offensichtlich in einem Verkürzen der äußeren Formdrahtlage gegenüber dem die übrigen Lagen umfassenden restlichen Seil, das hier als Kern bezeichnet werden soll. Die verkürzte Außenlage zieht diesen Kern zusammen, so daß er dem Seil eine Wellenform aufzwingt.

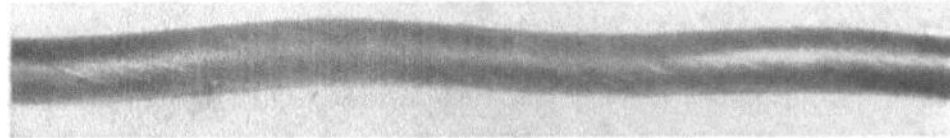

Abb. 93. Wellenbildung an einem Förderseil in verschlossener Machart

Wenn man nämlich die Außendrähte bei gespanntem Seil durchsägt, dann klaffen die Enden ziemlich weit. Nach Abwickeln aller Außendrähte eines Probestückes verschwindet die Entformung fast vollständig. Die Zunahme der Entformung kommt auch bei längerer Betriebszeit nicht zum Stillstand, sondern führt schließlich zu einem gewaltsamen Durchbrechen des Seilkerns durch die Außenlage, wie dies in Abb. 94 ersichtlich ist. Bei schwächer gespannten Seilen, beispielsweise an Schrägaufzügen, kann eine *Kniebildung* nach Abb. 95 eintreten, wobei dann die Außendrähte eine sehnenartige Überbrückung bilden. Eine einwandfreie Erklärung für das Verkürzen der Außenlage kann bis heute nicht gegeben werden. In der Mehrzahl der Fälle muß die Erscheinung auf Mängel in der Herstellung zurückgeführt werden, jedoch ist als Ursache auch eine fehlerhafte Behandlung oder ein Biegen über zu kleine Rollen möglich. Versuche, die Entformungen zu beheben oder ihr Fortschreiten zu verhindern, hatten höchstens vorübergehenden Erfolg, auch wenn sie bereits im Anfangsstadium eingeleitet wurden, und müssen als ziemlich aussichtslos gelten.

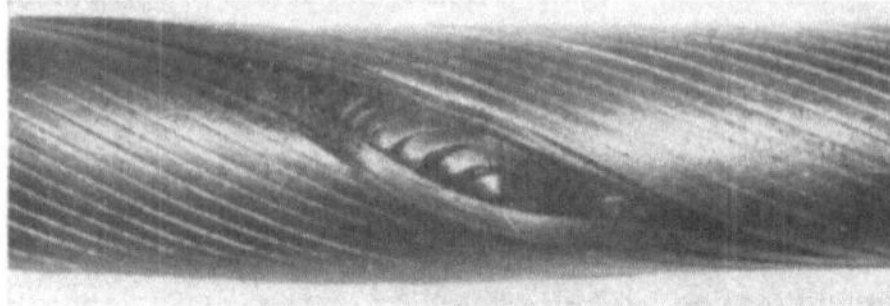

Abb. 94. Durchbrechen der inneren Formdrahtlage durch die Außenlage als Folge der Wellenbildung nach Abb. 93

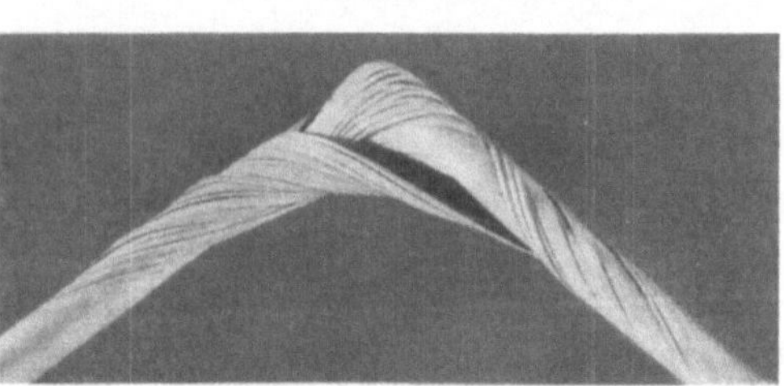

Abb. 95. Kniebildung als Folge der Wellenbildung an einem schwach belasteten Seil in verschlossener Machart

Flachseile, und zwar sowohl Unterseile von Schachtförderungen als auch Bobinenförderseile, zeigen öfters *Verwerfungen* und *Ausbuchtungen* verschiedener Art. Bei Unterseilen entstehen diese vielfach durch mechanische äußere Einwirkungen, beispielsweise Auftreffen eines in den Schacht stürzenden Gegenstandes oder Anschlagen am Schachtausbau. Sofern dabei keine tragenden Litzen beschädigt werden, sind solche Entformungen an sich unbedenklich. Sie können lediglich das ruhige Laufen des Seiles beeinträchtigen und so unter Umständen weitere Beschädigungen durch Anschlagen oder Hängenbleiben zur Folge haben. Das Seil kann an diesen Stellen meist wieder gerichtet werden, falls dies nötig erscheint. Wenn Nähdrähte gebrochen sind, werden die Stellen zweckmäßig neu genäht. Ähnliche Entformungen können aber auch durch ungleichmäßige Spannung der einzelnen Litzen oder Schenkel hervorgerufen werden und von der Herstellung herrühren. Abb. 96 zeigt eine solche Stelle in einem Bobinenförderseil. Die Entformung tritt hier so auf, daß sich ein Außenschenkel verkürzt und nahezu die gesamte Belastung allein trägt. Er ist straff gespannt, während sich die übrigen Schenkel mehr oder weniger wölben, also weitgehend entlastet sind. Gerade bei Bobinenförderseilen ist ein Ausbessern im allgemeinen zwecklos, da die Entformung erfahrungsgemäß immer wieder von neuem auftritt.

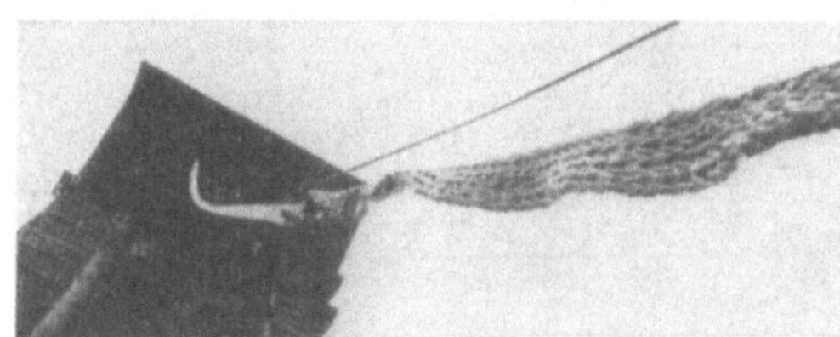

Abb. 96. Verwerfungen an einem Bobinenförderseil

Es muß zugegeben werden, daß die Erklärungen für das Entstehen eines großen Teiles der beschriebenen Entformungen nicht vollkommen befriedigen. Wenn auch einige maßgebende Ursachen klar zu sein scheinen, so müssen doch noch Einwirkungen vorhanden sein, die wir nicht kennen. Bei der außerordentlichen Vielzahl der Einflüsse, denen ein Seil während der Herstellung und im Betrieb unterliegt, ist das verständlich. Dazu kommt, daß man vor allem bei schweren Seilen nur auf Beobachtungen im Betrieb angewiesen ist, weil Versuche unter normalen Größenverhältnissen zu kostspielig, und Modellversuche im kleineren Maßstab wertlos sind.

9. Drahtbrüche

Unter den Schäden, die im Betrieb an den Seilen auftreten, nehmen die *Drahtbrüche* eine sehr wichtige Stelle ein. Je nach ihrer Entstehung kann man verschiedene Arten unterscheiden, die an der Ausbildung der Drahtbruchenden zu erkennen sind, und zwar muß die erste Unterteilung erfolgen nach *Gewaltbrüchen* und *Dauerbrüchen.*

Die *Gewaltbrüche* kommen nur bei Beschädigungen von Seilen durch äußere Gewalteinwirkung und beim Bruch eines ganzen Seiles vor. Nach der Beanspruchungsart unterscheidet man: 1. Reine Zugbrüche; — 2. Zug-Biege-Brüche; — 3. Brüche durch Abscherung; — 4. Verwindebrüche. Wird ein Draht in der Zerreißmaschine steigend auf *Zug* beansprucht, so bildet sich kurz ehe der Bruch erfolgt eine *Einschnürung,* deren Aussehen in Abb. 97 vor und nach dem Bruch wiedergegeben ist. Die gleiche Ausbildung zeigen die meisten Drahtbruchenden eines Seiles nach einem Zugversuch im ganzen Strang. In jedem Fall ist die Einschnürung von Drähten ein Zeichen dafür, daß der Bruch durch eine Überbeanspruchung auf Zug herbeigeführt wurde. Im Betrieb sind derartige Überbelastungen ganzer Seile beispielsweise möglich, wenn sich ein Fördergefäß oder eine Last während eines Zuges festsetzt und die Antriebsmaschine stark genug ist, um das Seil abzureißen. Öfter kommt es vor, daß ein abwärts fahrendes Fördergefäß

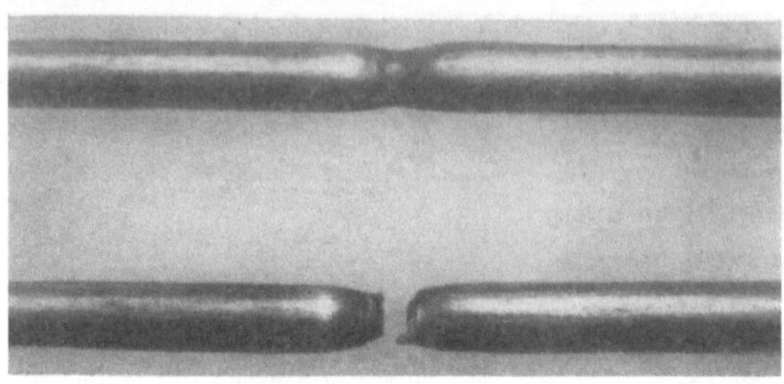

Abb. 97. Einschnürung eines Drahtes beim Zugversuch vor und nach dem Bruch

oder eine sonstige am Seil befestigte Last hängenbleibt, während die Maschine weiterläuft und Hängeseil bildet. Löst sich nun die Last wieder, so reißt sie durch ihre Wucht das Seil durch. Abb. 98 zeigt als weiteres

Abb. 98. Runddrahtkern eines verschlossenen Tragseiles, durch Überbeanspruchung auf Zug gerissen

Beispiel den Runddrahtkern des Tragseils einer Lastseilbahn, der dadurch bis zum Bruch überlastet wurde, daß die ihn umschließenden Formdrahtlagen durch Beschädigung zum großen Teil für die Belastungsaufnahme ausfielen. Außer solchen reinen Zugbrüchen finden sich in einem gewaltsam beschädigten oder gerissenen Seil vielfach noch Brüche, die durch gleichzeitiges Einwirken von *Zug und Biegung* hervorgerufen wurden. Sie entstehen vor allem dann, wenn das Seil während der Zugbeanspruchung ungewöhnlich scharf gebogen wird, beispielsweise wenn es aus einer Seilscheibenrille springt und auf die Achse fällt. Das Aussehen eines solchen Drahtbruchendes, bei dem nur die während des Biegens außenliegende Faser eingeschnürt ist, geht aus Abb. 99 hervor. Nicht zu verwechseln mit einem eingeschnürten Draht ist übrigens ein teilweise oder ganz durchgeschlissener Draht, wie er in Abb. 100

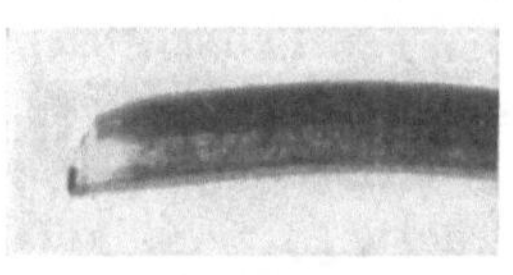

Abb. 99. Bruchende eines Drahtes mit Zug-Biege-Bruch

dargestellt ist. Die Enden verlaufen hier keilförmig oder spitz und geben bei genauerer Betrachtung ein vollkommen anderes Bild. Wenn

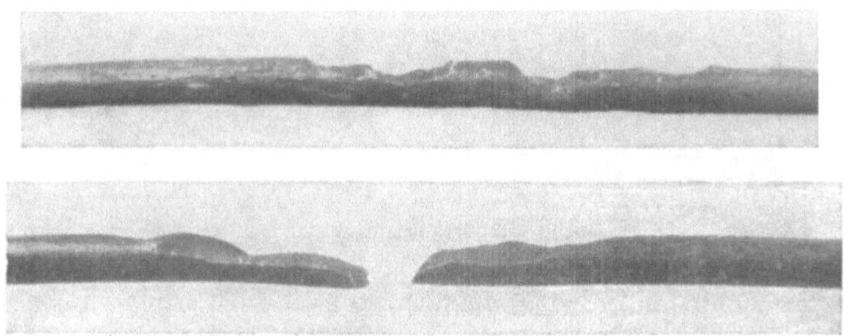

Abb. 100. Teilweise und ganz durchgeschlissener Draht

das Seil Quetschungen erleidet, so finden sich noch Drähte, die nach Art der Abb. 101 *abgeschert* sind. Auch bei Seilen, die durch reine Zugbeanspruchung gerissen sind, werden meist mehrere solcher Bruchenden beobachtet. Sie entstehen durch ein gegenseitiges Quetschen von Drähten im Innern der Litzen, hauptsächlich auch in dem aus Runddrähten hergestellten Kern von Dreikantlitzen. *Verwindebrüche* kommen nur sehr selten vor, als Beispiel sei auf den in Abschn. 8 beschriebenen Fall des gerissenen Abteufseiles und die Abb. 84 verwiesen.

Abb. 101. Bruchende eines Drahtes mit Scherbruch

Die meisten Drahtbrüche, die im Betrieb entstehen, sind *Dauer-* oder *Ermüdungsbrüche*. Sie werden, wie bereits in Abschn. 3 bei der Beschreibung der Dauerbiegeversuche erläutert wurde, vorwiegend auf den Strecken des Seiles, die über Scheiben gebogen werden, durch wechselnde Biegebeanspruchungen, und zwar vor allem durch sekundäre Biegungen, hervorgerufen. Abb. 102 zeigt zwei solche Brüche in einem Förderseil in Dreikantlitzenmachart. An einer besonders beanspruchten Stelle der Drahtoberfläche entsteht zunächst ein feiner Anriß, der dann infolge der Kerbwirkung immer tiefer eindringt, bis bei hinreichender Schwächung des Querschnitts der Draht vollends bricht.

Abb. 102. Drahtbrüche am Umfang eines Dreikantlitzenseiles

Die Brüche nehmen ihren Ausgang meist von Oberflächenverletzungen der Drähte, wie Verschleiß- oder Druckstellen und Rostnarben.

Abb. 103. Draht mit Anriß

Bei nasser Atmosphäre wird das Entstehen der Brüche noch durch Korrosionsermüdung begünstigt, sofern die Drähte nicht verzinkt oder durch geeignete Schmierung geschützt sind. Abb. 103 zeigt

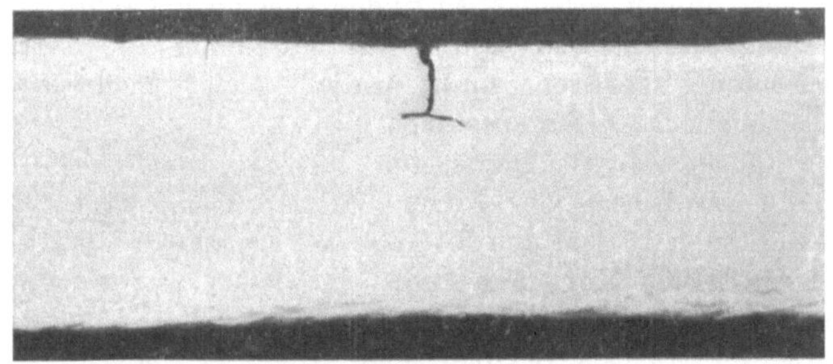

Abb. 104. Längsschliff durch einen Draht mit Anrissen (×10)

einen Draht mit einem Anriß. Abb. 104 läßt in einem Längsschliff den Verlauf von zwei dicht beieinander liegenden Rissen in etwa 10-facher Vergrößerung erkennen. Solche dicht nebeneinander liegenden Anrisse finden sich öfter, es bildet sich aber jeweils nur einer davon zum Bruch aus. In Abb. 105 ist die Bruchfläche eines Runddrahtes wiedergegeben, die kennzeichnend für Dauerbrüche im allgemeinen ist. An der mit einem Pfeil bezeichneten Stelle hat der Anriß begonnen, die feinkörnige Zone entspricht dem Fortschreiten des Risses, die etwas grobkörnige Zone stellt den Restbruch dar. Abb. 106 läßt das Aussehen eines Drahtbruches erkennen, der an einer normalen Verschleißstelle am Seilumfang entstanden ist, während der in Abb. 107 dargestellte Bruch von einer Verschleißstelle mit Kaltverformung durch seitlichen Druck ausgeht. Die Unterschiede dieser beiden Verschleißarten wurden bereits in Abschn. 8 erläutert. Wenn der Anriß im Innern des Drahtes

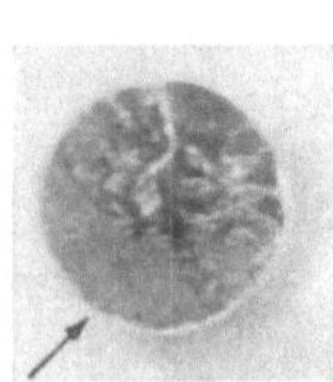

Abb. 105. Bruchfläche eines Drahtes mit Dauerbruch

auf kleine Lunker oder sonstige Fehlstellen trifft, die beim Ziehprozeß in Längsrichtung ausgereckt wurden, so folgt er diesen öfters eine kurze Strecke, ehe er wieder die Richtung senkrecht zur Achse einnimmt. Die Verhältnisse entsprechen dann dem rechten

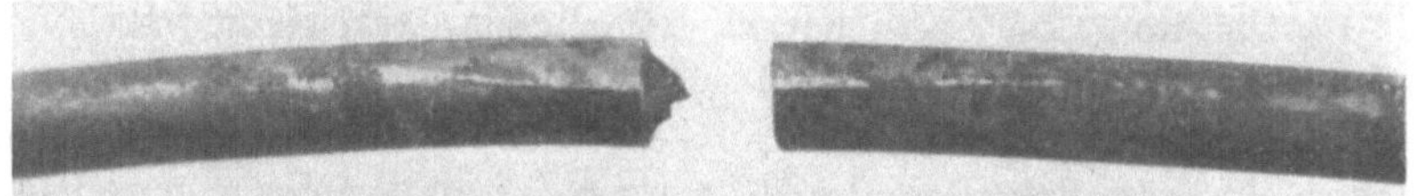

Abb. 106. Dauerbruch eines Drahtes an normaler Verschleißstelle

Anriß in Schliff Abb. 104, Abb. 108 gibt einen auf diese Weise gebrochenen Draht in Ansicht wieder.

Oft wird nun die Frage gestellt, wie viele Drahtbrüche zugelassen werden können, ohne daß ein Seilbruch zu befürchten ist. Sie ist keinesfalls allgemeingültig zu beantworten. Maßgebend ist vor allem nicht die Gesamtzahl, sondern vielmehr die Verteilung der Brüche. Weiter spielt für die Beurteilung der Gesamtzustand des Seiles in bezug auf Rost und Verschleiß eine Rolle. Bei einem Litzenseil, dessen Außendrähte durch Rost und Verschleiß stark gelockert sind, sind die Drahtbrüche meist überhaupt nicht ausschlaggebend, weil ja die Außenlage ohnehin nicht mehr nennenswert an der Belastungsaufnahme beteiligt ist. Wenn der Allgemeinzustand gut ist, dann kann ein mehrfach geschlagenes Seil sehr viele Drahtbrüche vertragen, ehe eine Gefahr besteht. Zur Eigenart eines Seiles gehört ja, daß infolge der inneren Reibung ein gebrochener Draht in ganz kurzer Entfernung vom Bruch wieder voll trägt. Am besten läßt sich das verstehen durch den Vergleich mit einem Hanfseil, das im Gegensatz zum Drahtseil aus lauter einzelnen Fasern besteht. Die Fasern halten nur durch ihre innige Verseilung, also durch die gegenseitige Reibung zusammen, wobei die Summe der Reibungskräfte größer ist als die Bruchlast des Seiles. So erklärt es sich, daß die Schwächung eines Drahtseils nur von dem Zustand einer gewissen Strecke abhängt, auf der die Brüche am dichtesten liegen. Die Länge dieser Strecke, vielfach auch *unsichere* oder *kritische* Seil-

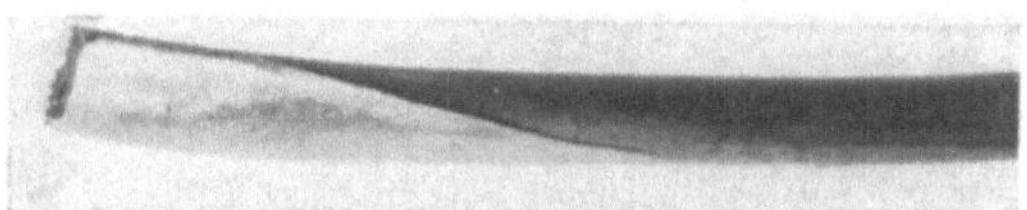

Abb. 107. Dauerbruch eines Drahtes an Verschleißstelle mit Gratbildung

Abb. 108. Dauerbruch eines Drahtes mit teilweisem Längsverlauf

länge genannt, entspricht derjenigen, auf der ein gebrochener Draht nicht als voll tragend angenommen werden kann. Durch statische Zugversuche an ganzen Seilen wurde sie für Litzenseile zu 2 bis 3 Litzenschlaglängen ermittelt, und zwar ist sie bei Kreuzschlag infolge der innigeren Verseilung der Drähte kürzer als bei Gleichschlag. Die Bestimmung der unsicheren Länge aus statischen Versuchen muß jedoch ein zu günstiges Bild geben. Wie schon in den Abschn. 2 und 3 dargelegt wurde, bewirken ja die im Betrieb auftretenden Wechselbeanspruchungen, vor allem die Biegungen, ein dauerndes gegenseitiges Arbeiten der einzelnen Drahtelemente. An die Stelle der ruhenden Reibung beim Zugversuch tritt somit die kleinere Reibung der Bewegung, die unsichere Länge vergrößert sich also. Unter Berücksichtigung dieser Verhältnisse kann man für Kreuzschlag die 5fache, für Gleichschlag die 6fache Litzenschlaglänge annehmen [*10*]. Die Schwächung eines Seiles ergibt sich dann näherungsweise aus der Anzahl der Drahtbrüche auf dieser Länge, wobei die entsprechende Drahtzahl als nicht mehr tragend aufgefaßt wird. Liegen also in einem Kreuzschlagseil, das aus $6 \cdot 37 = 222$ Drähten besteht, 20 Drahtbrüche auf 5 Litzenschlaglängen, so errechnet sich die Schwächung zu $\frac{20}{222} \cdot 100 = 9\%$, was bei den üblichen Mindestsicherheiten, die der Bemessung neuer Seile zugrunde gelegt werden, noch keine Gefahr bedeutet. Eine Litzenschlaglänge ist im allgemeinen gleich dem 7- bis 8fachen Seildurchmesser, die unsichere Länge ist also beispielsweise bei einem Kreuzschlagseil von 30 mm Durchmesser rund 1 m, bei einem solchen von 60 mm Durchmesser rund 2 m. Wesentlich ist natürlich nicht nur eine gleichmäßige Verteilung der Brüche auf die Seillänge, sondern auch auf die einzelnen Litzen. Wenn sehr viele Drahtbrüche in nur einer Litze liegen, so ist ein Bruch dieser Litze möglich. Sind die übrigen Litzen unversehrt, so verursacht ein Litzenbruch noch nicht den Bruch des ganzen Seiles. Allerdings muß der Betrieb in diesem Fall sofort eingestellt werden, weil sich die gerissene Litze herauswickelt und damit der Seilverband zerstört ist. Ist das Seil aber an sich schon geschwächt, so können durch das ruckartige Längen, das der Bruch einer Litze zur Folge hat, auch die übrigen Litzen reißen.

Abb. 109. Dauerbiegeprobe mit Drahtbrüchen, Zustand kurz vor dem Bruch

Wie ein Kreuzschlagseil mit zwei Drahtlagen in den Litzen aussieht, das bei gleichmäßiger Verteilung der Drahtbrüche unter normaler

Belastung kurz vor dem Bruch steht, zeigt Abb. 109. Es handelt sich um ein Seil, das auf einer Dauerbiegemaschine geprüft wurde. Um zu verhindern, daß die Drahtbrüche nur auf einer Seite des Seilumfangs entstehen, wurde es während des Versuchs mehrmals gedreht. Allerdings muß erwähnt werden, daß dabei nur eine rein statische Zugbelastung vorlag. Im praktischen Betrieb kommen meist noch dynamische Beanspruchungen hinzu, so daß schon etwas weniger Drahtbrüche genügen, um den Bruch des Seiles herbeizuführen.

Bei Gleichschlag kann man eine ähnlich dichte Lage der Drahtbrüche, wie es bei Kreuzschlag möglich ist, im allgemeinen nicht zulassen. Infolge der weniger innigen Verseilung bewirken hier oft schon mehrere nahe beieinander in einer Litze liegende Drahtbrüche ein Lockern der noch unbeschädigten Nachbardrähte, wodurch die Zerstörung beschleunigt wird. Auch ziehen sich gebrochene Drähte beim Arbeiten des Seiles vielfach an einer vom Bruch entfernten Stelle ein Stück weit aus dem Seilverband heraus und legen sich in Schlingen quer über andere Drähte, so daß diese beim Durchlaufen der Scheibenrillen ebenfalls beschädigt werden und brechen. Auch die Drahtbruchenden selbst können sich übrigens quer legen und die gleiche Wirkung hervorrufen. Aus diesem Grund müssen sie bei schwereren Seilen, besonders bei Förderseilen, bei den regelmäßigen betrieblichen Prüfungen möglichst nahe an der Litzenberührungsstelle, wo sie an der Seiloberfläche erscheinen, abgebrochen werden, was gleichzeitig für ein einwandfreies Zählen der neu hinzugekommenen Drahtbrüche erforderlich ist.

Abb. 110. Drahtbruchnest in einem Förderseil

Natürlich kommt es auch vor, daß mehrere Drähte an ein und derselben Stelle des Seiles brechen. Die Ursache liegt meist in einer Beschädigung durch querliegende Drahtbruchenden, ungünstige örtliche Druckbeanspruchungen im Einband oder sonstige äußere Einwirkungen. Abb. 110 gibt ein solches *Drahtbruchnest* in einem schweren Förderseil wieder. Die Schwächung läßt sich einfach aus der Anzahl der gebrochenen Drähte berechnen. Sie ist im allgemeinen ebenfalls nicht so groß, wie es auf den ersten Blick erscheint, so daß das Seil ruhig in Betrieb bleiben kann, sofern sich noch eine ausreichende Sicherheitszahl ergibt. vorstehenden Bruchenden müssen allerdings gewissenhaft entfernt werden, um ein Beschädigen weiterer Drähte zu verhüten.

Die Beurteilung von Flachseilen ist ähnlich wie die von Litzenseilen. Zu beachten ist aber, daß besonders bei Unterseilen von Schachtförderungen gewöhnlich nicht alle Drahtbrüche an der Seiloberfläche sichtbar sind, weil sie vielfach an den Berührungsstellen der Litzen und Schenkel entstehen. Erfahrungsgemäß kann man etwa die dreifache Zahl der festgestellten Brüche annehmen und der Berechnung zugrunde legen. Gebrochene oder stark beschädigte Litzen oder Schenkel können auf einer gewissen Länge herausgeschnitten und durch neu eingespleißte ersetzt werden. Wenn die Arbeit einwandfrei ausgeführt ist, dann kann nach einiger Betriebszeit nur ein geschultes Auge noch die ausgebesserte Stelle erkennen.

Bei Förder- und Aufzugseilen in verschlossener Machart werden, wie bereits in Abschn. 2 kurz erwähnt, gebrochene Formdrähte der Decklage infolge ihres ziemlich feinen Profils entgegen der Theorie nicht immer im Seilverband zurückgehalten, sondern springen heraus. Um Störungen durch ein Herauswickeln auf einer größeren Länge zu verhindern, müssen die Bruchenden zunächst wieder eingefügt und durch Abbinden des Seiles festgehalten werden. Sobald es der Betrieb erlaubt, werden die Drahtenden durch Hartlöten, gegebenenfalls unter Zwischensetzen eines entsprechenden Drahtstückes, wieder vereinigt. Die Überlänge wird durch passende Schellen, die über das Seil getrieben werden, verteilt. Wenn die Bruchzahl stärker zunimmt, dann verursacht dieses Verfahren aber zu viele Störungen, so daß das Seil besser abgelegt wird, selbst wenn die Schwächung an sich noch unbedeutend ist. Allerdings entstehen Drahtbrüche in einwandfrei hergestellten verschlossenen Seilen meist erst nach ziemlich langer Betriebszeit.

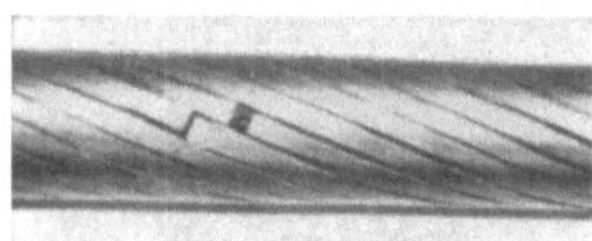

Abb. 111. Drahtbrüche in der äußeren Formdrahtlage eines verschlossenen Tragseiles

In verschlossenen Tragseilen von Seilbahnen und ähnlichen Betrieben, für die ein bedeutend stärkeres Drahtprofil verwendet wird, und bei denen die Biegungen bedeutend geringer sind, bleiben die gebrochenen Außendrähte einwandfrei im Seilverband liegen. Abb. 111 zeigt ein solches Seil mit Drahtbrüchen. Normalerweise werden auch hier erst nach längerer Betriebszeit Brüche entstehen. Wenn diese in stärkerem Maß zunehmen, dann empfiehlt sich ein Auswechseln des Seiles oder der schadhaften Strecke, zumal in solchen Fällen auch Brüche im Innern zu befürchten sind. Bestimmte Richtlinien über die kritische Seillänge und die Größe der Schwächung durch Drahtbrüche lassen sich hier nicht angeben.

Aus dem Gesagten geht hervor, daß die Gefahr der Drahtbrüche, soweit sie äußerlich erkennbar sind, im allgemeinen nicht so groß ist, wie man zunächst vermutet. Immerhin ist die Beurteilung nicht ganz einfach. Wenn der Bruch des Seiles eine erhebliche Gefahr oder Betriebsstörung mit sich bringen würde, wird deshalb in kritischen Fällen zweckmäßig ein Sachverständiger zugezogen.

Bisher war angenommen worden, daß die Drahtbrüche nur in der *Außenlage* und am *Seilumfang* entstehen, daß sie also sichtbar und einer Beurteilung zugänglich sind. Meist ist dies auch der Fall, weil die Drähte hier normalerweise am stärksten beansprucht werden.

Bei zu schwach bemessener Faserseele von Litzenseilen kann allerdings der gegenseitige Druck der Litzen so stark werden, daß die Außendrähte an den *Berührungsstellen der Litzen* stärker beansprucht werden als am Seilumfang und deshalb hier brechen. Durch das Biegen des Seiles über die Scheiben federn jedoch die Bruchenden im allgemeinen aus dem Seilverband heraus, so daß die Brüche zum größten Teil erkannt werden. Wie Abb. 112 zeigt, ist dann im Gegensatz zu Abb. 102 jeweils nur ein Bruchende sichtbar. Bei der Beurteilung solcher Seile, bei denen ja offensichtlich ein Herstellungsfehler vorliegt, ist natürlich eine gewisse Vorsicht geboten, weil immer mit weiteren unerkannten Drahtbrüchen gerechnet werden muß.

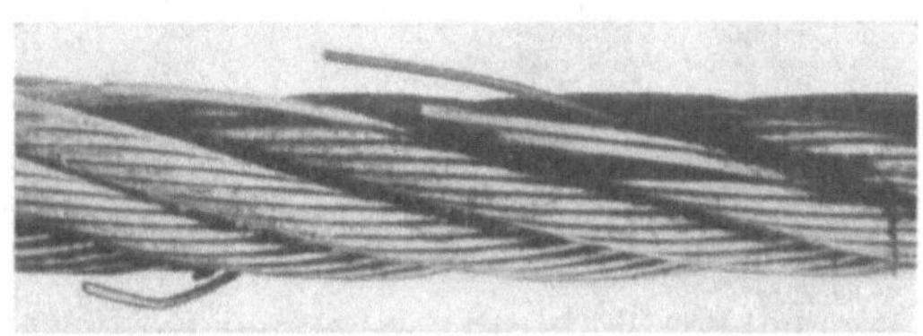

Abb. 112. Drahtbrüche an den Litzenberührungsstellen eines Kreuzschlagseiles

Es kommen nun aber auch Drahtbrüche in den *Innenlagen* der Seile vor. Brüche in den Innenlagen von einfachen Litzenseilen, deren Entstehen wohl auf ungünstige Schlagverhältnisse bei der Herstellung und dadurch hervorgerufene stärkere sekundäre Biegebeanspruchungen der Drähte dieser Lagen zurückzuführen ist, machen sich gewöhnlich nach außen bemerkbar. Solche Brüche entstehen meist bei dreilagigen Litzen in der mittleren Drahtlage. Die Bruchenden drücken beim Biegen des Seiles gegen den darüberliegenden Außendraht und bewirken nach verhältnismäßig kurzer Zeit auch dessen Bruch. Unter einem gebrochenen Außendraht ist dann jeweils auch ein Bruch in der darunterliegenden Lage sichtbar, wie dies in Abb. 113 erkennbar ist. Eine besondere Gefahr ist also in diesen Brüchen nicht zu erblicken. Immerhin mahnt das Auftreten solcher *Doppelbrüche* zur Vorsicht, zumal nach längerer Betriebszeit die Innenbrüche stärker zunehmen als die äußeren, und so eine sichere Beurteilung der Schwächung immer schwieriger wird.

Schon in Abschn. 2 wurde erwähnt, daß die vierkantigen Formdrähte, aus denen die Einlagen von Dreikantlitzen zusammengesetzt sein können, leicht zu Dauerbrüchen neigen, was sich aus der Verletzung ihrer Kanten durch die scharf darübergebogenen Runddrähte der ersten Lage erklärt. Bei Untersuchungen abgelegter Förderseile dieser Machart fand man auf ungünstig beanspruchten Strecken die Formdrähte vielfach in lauter kleinen Stücken von nur wenigen Zentimetern Länge wieder. Wenn dadurch auch der Dreikantkern für ein Tragen vollkommen ausfällt, so beeinträchtigen diese Brüche doch im

Abb. 113. Drahtbrüche in der mittleren Drahtlage eines Förderseiles

allgemeinen die darüberliegenden Runddrähte nicht, sie bedeuten also besonders in Anbetracht ihres verhältnismäßig kleinen Anteils am tragenden Querschnitt keine Gefahr. Aber auch in dem aus verseilten Runddrähten hergestellten Dreikantkern kommen öfter Drahtbrüche vor, wie Abb. 114 erkennen läßt. Meist üben auch diese Brüche keinen zerstörenden Einfluß auf die übrigen Drähte aus, da sie infolge ihrer

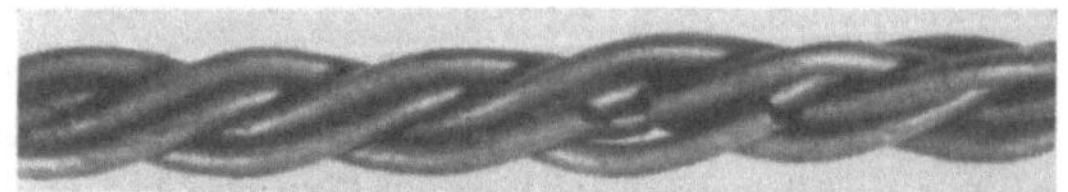

Abb. 114. Drahtbrüche im Litzenkern eines Förderseiles in Dreikantlitzenmachart

scharfen Verformung fest im Verband liegenbleiben. Wenn sie doch im einen oder anderen Fall Brüche in der zweiten Lage hervorrufen, so brechen durch diese wiederum die darüberliegenden Außendrähte, und das Zerstörungsbild entspricht dem oben geschilderten.

Bedeutend ungünstiger sind die Verhältnisse bei mehrlagigen Litzenseilen und Seilen in verschlossener Machart. Bei Litzenspiralseilen lassen sich Drahtbrüche in den inneren Litzenlagen nicht ohne weiteres erkennen. Das gleiche gilt für die inneren Drahtlagen von verschlossenen Förder- und Tragseilen. Wenn solche Innenbrüche auch verhältnismäßig selten auftreten, so muß doch stets damit gerechnet werden, daß auch in Betrieben, wo an sich gute Erfahrungen vorliegen, das eine oder andere Seil, vielleicht infolge mangelhafter Herstellung, dazu neigt. Tragseile von Kabelkranen, Kabelbaggern oder Lastseilbahnen sind schon verschiedentlich wegen innerer Zerstörung gerissen, über deren Vorhandensein erst die anschließend durchgeführte Untersuchung Aufschluß gab. Abb. 115 zeigt beispielsweise Brüche von inneren Formdrähten in einem verschlossenen Tragseil nach Abwickeln der Außenlage, die ihren Ausgang von starken Druckstellen infolge einer etwas lockeren Auflage der Außendrähte nahmen. Wenn keine elektromagnetische Einrichtung zum Nachweis der Innenbrüche vorhanden ist, auf die anschließend eingegangen wird, dann tut man gut daran, Seile der genannten Macharten nach einer gewissen Zeit, die sich nach der Art und Lebhaftigkeit des Betriebes richtet, abzulegen und vollständig oder stichprobenweise auseinanderzunehmen, um den Zustand im Innern zu erkennen und daraus wiederum Erfahrungen für die Zukunft zu sammeln. Bei Tragseilen ist ein besonderes Augenmerk auf die in der Umgebung der Stützen befindlichen Strecken zu richten, die stärkeren Beanspruchungen ausgesetzt sind. Aus diesem Grund wird bei den Tragseilen der Seilschwebebahnen an der Endbefestigung vielfach eine Reservelänge vorgesehen, die es möglich macht, das Seil nach einer gewissen Betriebszeit in Längsrichtung zu verschieben, um bis dahin weniger beanspruchte Strecken an die Stellen höherer Beanspruchung zu bringen und die bisher höher beanspruchten zu entlasten.

Abb. 115. Drahtbrüche in der inneren Formdrahtlage eines verschlossenen Tragseiles

In Anbetracht der großen Gefahr, die äußerlich nicht erkennbare Schäden von Drahtseilen darstellen können, arbeitet man schon seit langem daran, die Verfahren der *zerstörungsfreien Werkstoffprüfung* für deren Nachweis nutzbar zu machen. Naheliegend war der Gedanke, das Seil zu *röntgen*, und es wurden auch schon von verschiedenen Instituten mit mehr oder weniger Erfolg Versuche gemacht. In der Praxis scheitert dieses Verfahren vor allen Dingen daran, daß man kein fortlaufendes Bild des Seiles erhält und sich auf die Untersuchung einzelner Stellen, also auf Stichproben, beschränken muß. Auch Versuche mit *Ultraschall* verliefen ergebnislos.

Das Verfahren, das sich heute durchgesetzt hat, aber noch in weiterer Entwicklung begriffen ist, beruht auf dem Nachweis innerer Schäden auf *magnetinduktivem* Weg. Die grundsätzliche Wirkungsweise der dafür verwendeten Geräte wird aus dem Schema Abb. 116 verständlich. Das Seil wird im Bereich eines Spulensystems A magnetisiert. In der Mitte des Systems befindet sich eine um das Seil gewickelte

Meßspule B, die mit einem hochempfindlichen Meßgerät C verbunden ist. Wenn das Seil nun mit gleichbleibender Geschwindigkeit durch das Spulensystem gefahren wird, dann wird in der Meßspule keine Spannung induziert, sofern der metallische Querschnitt unverändert bleibt, das Meßgerät zeigt also keinen Ausschlag. Sobald sich der Querschnitt aber durch einen oder mehrere Drahtbrüche ändert, bewirkt der Eintritt dieser Stelle in das Magnetfeld einen Spannungsstoß, der durch einen Ausschlag des Meßgerätes angezeigt wird.

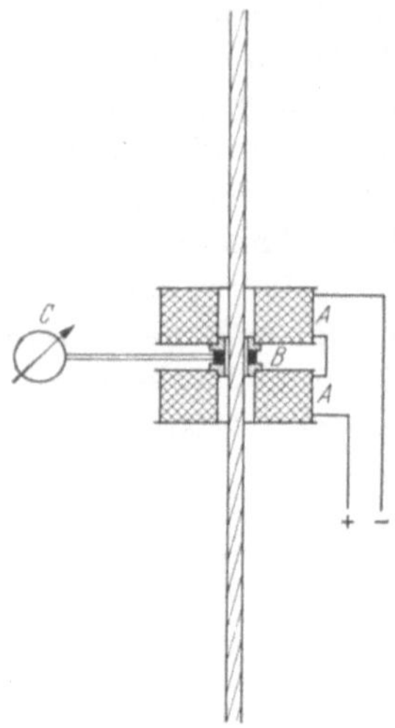

Abb. 116. Schema einer magnetinduktiven Apparatur zur Untersuchung von Seilen auf innere Drahtbrüche

Ein solches Gerät, das vorwiegend für die Untersuchung von Förderseilen benutzt wird, wurde u. a. durch die Seilprüfstelle der Westfälischen Berggewerkschaftskasse entwickelt [*6*]. Um das ursprünglich angewandte zeitraubende Wickeln der Erregerspulen unmittelbar um das Seil zu vermeiden, werden heute Jochspulen nach Abb. 117 verwendet, die mit ihren zweiteiligen Führungsbüchsen rasch montiert werden können. Sie werden mit Gleichstrom gespeist. Auch die Meßspule wird zweiteilig ausgeführt. Als Anzeigegerät wird ein hochempfindliches Schreibgerät benutzt. Abb. 118 zeigt die Einrichtung auf dem Versuchsstand.

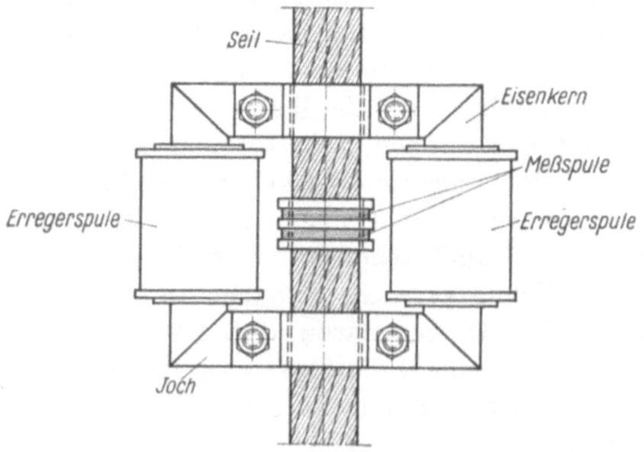

Abb. 117. Anordnung des Spulensystems bei einer magnetinduktiven Seilprüfung (Seilprüfstelle Westf. Berggewerkschaftskasse)

Die Ausschläge des Meßgerätes werden auf einem Registrierpapierstreifen aufgenommen, man kann so ein fortlaufendes Schaubild vom ganzen Seil erhalten. In Abb. 119 ist das Schaubild eines 66 mm dicken Förderseiles in dreilagiger Flachlitzenmachart wiedergegeben, das einer Seillänge von rund 5 m entspricht. Die Drahtbrüche, die sich hier durch deutliche Ausschläge bemerkbar machen, befanden sich teils in der mittleren Litzenlage, teils in der inneren Drahtlage der Außenlitzen. Die Amplituden werden bei gleicher Querschnittschwächung um so kleiner, je weiter der Schaden vom Seilumfang entfernt ist. Die häufigen kleineren Ausschläge, die auf der ganzen Länge, also auch auf den unbeschädigten Strecken angezeigt werden, sind durch die erwähnten Ungleichmäßigkeiten des Seiles hervorgerufen.

Aufbau und Handhabung des Gerätes sind nicht ganz so einfach, wie die kurze Beschreibung vielleicht vermuten läßt. Durch Verseilung,

Abb. 118. Ansicht einer magnetinduktiven Prüfeinrichtung (Aufnahme Seilprüfstelle Westf. Berggewerkschaftskasse)

Verschleißstellen und Rostnarben weist jedes Seil mehr oder weniger starke Unregelmäßigkeiten im Querschnitt auf, die sich als Ausschläge im Diagramm bemerkbar machen. Bei Seilen mit stärkerem innerem Rostangriff oder Verschleiß kann dadurch die Auswertung erheblich erschwert werden und erfordert dann eine große Erfahrung. Bei einem

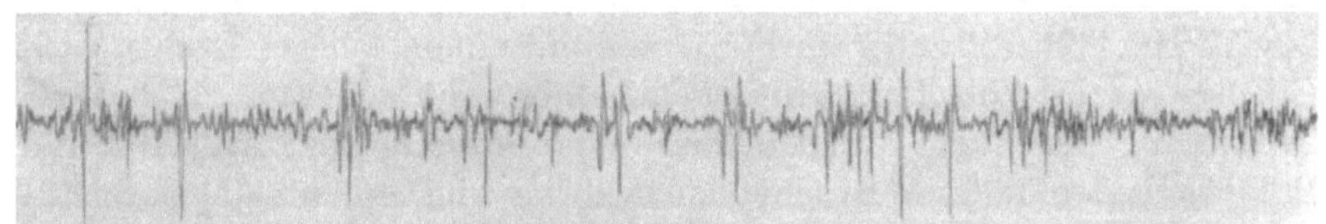

Abb. 119. Diagramm einer magnetinduktiven Förderseiluntersuchung (Seilprüfstelle Westf. Berggewerkschaftskasse)

guten Allgemeinzustand der Seile bezüglich Rost und Verschleiß zeichnen sich aber die Drahtbrüche, deren Enden meist etwas klaffen, und die damit eine plötzliche Änderung des Querschnittes bewirken, deutlich ab.

Auch von mehreren anderen Stellen sind Geräte, deren Wirkung auf dem gleichen Prinzip beruht, entwickelt worden. In der Frage des Nachweises innerer Schäden von Drahtseilen sind also schon bedeutende Erfolge erzielt worden, jedoch muß auf Grund der bisherigen Erfahrungen zugegeben werden, daß noch keines der heute vorhandenen

Geräte voll befriedigt. Vor allem können die Geräte noch nicht den Betrieben zur selbständigen Durchführung und Beurteilung der Messungen in die Hand gegeben werden, sondern gehören zunächst in die Hand des Spezialisten. Immerhin ist die magnetinduktive Untersuchung aber schon ein äußerst wertvolles Hilfsmittel bei der Beurteilung von Förder- und Tragseilen.

Noch eine andere Art äußerlich nicht erkennbarer Drahtbrüche, die hauptsächlich bei Förderseilen vorkommt, und die der Seilfachmann am meisten fürchtet, muß hier besprochen werden. Sie entstehen *in* und *unmittelbar über den Einbänden,* also auf den Strecken, die nicht mehr über die Seilscheiben laufen, die aber oft besonders bei schweren

Abb. 120. Drahtbruch an einer Litzenberührungsstelle eines Förderseiles

Dampffördermaschinen außerordentlich starken dynamischen Beanspruchungen ausgesetzt sind. Die Drähte brechen auf diesen Strecken nicht am Seilumfang, wo sie ja keinem seitlichen Druck und somit auch keinen sekundären Biegebeanspruchungen unterliegen, wie dies in den Scheibenrillen der Fall ist, sondern vielmehr an den *Berührungsstellen der Litzen.* Abb. 120 zeigt ein Förderseil mit einem solchen Drahtbruch. Ebenso wie in Abb. 112 befindet sich hier im Gegensatz zu den am Seilumfang liegenden Brüchen, bei denen entsprechend Abb. 102 und 113 jeweils zwei kürzere Bruchenden sichtbar sind, nur ein langes Drahtbruchende an der Seiloberfläche. Infolge der Längsschwingungen entsteht ein wechselnder, nach der Seilseele gerichteter Druck der Litzen. Dieser wird zum großen Teil von den Nachbarlitzen aufgenommen und erzeugt hier wiederum sekundäre Biegebeanspruchungen der Drähte, die besonders stark werden, wenn die Faserseele nicht ausreichend bemessen ist. Bei Macharten, die entsprechend dem Querschnitt Abb. 20 an Stelle der Faserseele ein Innenseil haben, können die Brüche bei nicht vorhandener oder nicht genügend widerstandsfähiger Faserzwischenlage auch an den Berührungsstellen der Außen- mit den Innenlitzen entstehen. Das gleiche gilt bei mehrlagigen Rund- oder Flachlitzenseilen. Da das Seil nicht gebogen wird, bleiben die Bruchenden zwischen den Litzen eingeklemmt und federn nicht oder nur zu einem kleinen Teil an die Seiloberfläche, sie sind also von außen nicht zu sehen.

Bei Trommel- und Bobinenförderseilen ist die Gefahr durch solche Brüche nicht groß. Die Einbände werden in gewissen Zeitabständen erneuert, was mit einem Kürzen und Wegfallen der im Einband und unmittelbar darüber befindlichen Strecke verbunden ist. Etwaige Drahtbrüche werden beim Prüfen der abgeschnittenen Stücke festgestellt, so daß die beginnende Ermüdung rechtzeitig erkannt wird. Außerdem kommen immer neue, vorher noch nicht so stark beanspruchte Strecken in den Einbandbereich. Günstig wirkt sich bei Trommelförderungen weiterhin aus, daß, unter Voraussetzung eines guten Zustandes der Einrichtung, der Gleichförmigkeitsgrad durch die großen Massen höher und dadurch die Schwingungsbeanspruchung der Seile kleiner ist.

Bei Koepeförderseilen dagegen besteht keine wesentliche Möglichkeit des Kürzens, lediglich die während des Betriebes auftretende bleibende Dehnung kann ausgeglichen werden. Wichtig ist dabei aber gerade, daß dies abwechselnd an beiden Einbänden geschieht, um wenigstens im Rahmen des Möglichen andere Strecken an die besonders beanspruchten Stellen zu bringen. Trotzdem kam es schon vor, daß bei schweren Förderseilen auf mehreren Metern Länge nur drei oder vier Drahtbrüche nach Abb. 120 beobachtet wurden, während in Wirklichkeit, wie sich nach dem Ablegen ergab, auf der gleichen Strecke mehrere hundert Brüche vorhanden waren. Diese Erscheinung war schon die Ursache von vielen Seilbrüchen an Koepeförderungen. Abb. 121 gibt das Bruchende eines Seiles wieder, das kurz über dem Einband gerissen ist. Die zahlreichen in der Abbildung sichtbaren Drahtbrüche sind nicht etwa beim Bruch oder beim Abstürzen des Seiles entstanden, sondern es waren, wie die nachträgliche Untersuchung der Bruchflächen ergab, alles schon vorher vorhandene Dauerbrüche. Das Seil machte vor dem Bruch äußerlich einen durchaus einwandfreien Eindruck.

Die Brüche auf den Endstrecken oberhalb der Einbände könnte man grundsätzlich auf magnetinduktivem Weg feststellen, nicht dagegen die im Einband selbst befindlichen, weil ja hier das Seil nicht freiliegt und nicht mit dem Spulensystem überfahren werden kann. Die Untersuchung wäre also in den meisten Fällen unvollständig und damit zwecklos, so daß man gezwungen ist, andere Wege zu beschreiten.

Die hier geschilderten Drahtbrüche kommen, wie erwähnt, hauptsächlich bei lebhaften Förderungen mit Dampfantrieb vor. Meist kennt man schon aus Erfahrung die Anlagen, wo mit solchen unerkannten Beschädigungen zu rechnen ist. Es ist dabei bereits verdächtig, wenn sich auf der Strecke über dem Einband ein oder zwei Drahtbruchenden zeigen, die nach Art der Abb. 120 aus dem Innern heraustreten, bei denen also der Bruch nicht am Seilumfang, sondern zwischen den Litzen

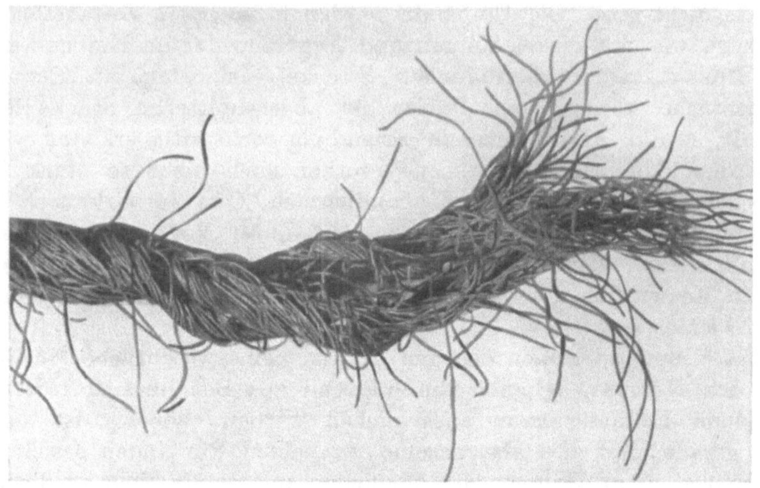

Abb. 121. Bruchende eines unmittelbar über dem Einband gerissenen Koepeförderseiles

entstanden ist. Wenn irgendein Verdacht auf solche Drahtbrüche besteht, dann empfiehlt es sich, die Seilfahrt sofort einzustellen, den Einband möglichst bald vollkommen zu öffnen, das Seil einige Meter oberhalb des Einbandes festzuklemmen und das freiliegende Seilende mittels einer aufgesetzten Klemme, die mit Hebelarmen versehen ist, aufzudrehen. Abb. 122 zeigt ein für die Untersuchung vorbereitetes Förderseil. Die drei in Abständen aufgesetzten Hebelklemmen erlauben ein Aufdrehen in zwei Abschnitten. Durch das Aufdrehen lockert sich das Seilgefüge, die Litzen heben sich von der Seele ab, und die Drahtbruchenden federn nach außen. Bei dieser Prüfung wurden schon verschiedentlich Drahtbruchzahlen festgestellt, die bald zu

Abb. 122
Vorbereitung für die Untersuchung des Endstückes eines Koepeförderseiles durch Aufdrehen

einem Seilbruch geführt hätten, die Seile konnten so noch rechtzeitig abgelegt werden. Es hat sich als zweckmäßig erwiesen, die Untersuchung bei Koepeförderungen regelmäßig, wenn möglich in Anwesenheit eines Sachverständigen vorzunehmen, wie es beispielsweise an der Saar seit einer Reihe von Jahren gehandhabt wird. Die Zeitabstände der Untersuchungen richten sich nach der Lebhaftigkeit der Förderung sowie nach der im Einzelfall auf Grund der vorliegenden Erfahrungen anzunehmenden Stärke der dynamischen Beanspruchungen. Gleichzeitig werden dabei natürlich auch die im Einband am Seilumfang liegenden Schäden erkannt.

Auch bei Unterseilen von Schachtförderungen, wie überhaupt bei allen Seilen, bei denen die Einbände nicht regelmäßig erneuert werden, empfiehlt es sich, die im Einband befindliche, im normalen Betrieb nicht sichtbare Seilstrecke von Zeit zu Zeit freizulegen und in Augenschein zu nehmen, da hier immer eine gewisse Gefahr für das Entstehen von Drahtbrüchen vorliegt. Bei Einbänden, die mittels einfacher Kausche und Klemmbügel hergestellt sind, sind die Stellen unter dem obersten und untersten Bügel besonders gefährdet.

10. Rostangriff und seine Verhütung

Neben den Drahtbrüchen ist bei Seilen, die in einer feuchten Atmosphäre arbeiten, der *Rostangriff* eine der wesentlichsten Zerstörungsursachen. Falls ein Seil nicht geschmiert oder anderweitig gegen

Abb. 123. Lochfraß an einem Förderseildraht

chemische Einwirkungen geschützt ist, bildet sich auf den Drähten zunächst eine Schicht von *Flugrost*, wobei die Drahtoberfläche noch nicht merklich angegriffen wird. Mit der Zeit treten *Rostnarben* auf, die sich verstärken und den Drahtquerschnitt verringern, besonders wenn Verschleiß hinzukommt.

Im allgemeinen bedeuten schwächere oder auch stärkere Rostnarben an den Drähten zunächst noch keine Gefahr. Ihre Kerbwirkung wird meist überschätzt, wenn auch durch sie oder durch *Korrosionsermüdung* vorzeitig Drahtbrüche entstehen können. Wenn allerdings der Rostangriff, bedingt durch besondere Verhältnisse, in der Form von *Lochfraß* auftritt, wie Abb. 123 an einem Draht erkennen läßt, so wird das Entstehen von Drahtbrüchen stark begünstigt.

Auf der anderen Seite erkennt aber der Betriebsmann vor allem bei Förderseilen in Litzenmachart oft auch sehr starken Rostangriff noch nicht oder sieht ihn nicht als gefährlich an. Er ist geneigt, ein Seil, abgesehen von Formänderungen und anderen ins Auge fallenden Schäden, nur nach den Drahtbrüchen zu beurteilen, wobei er der Meinung ist, daß bei einer stärkeren Schwächung durch Rost auch Drahtbrüche entstehen müssen. Das ist aber nicht immer der Fall. Bereits in dem vorhergehenden Abschnitt über die Drahtbrüche wurde darauf hingewiesen, daß für die Beurteilung nicht nur deren Anzahl und Verteilung, sondern vor allem auch der Allgemeinzustand bezüglich Rost und Verschleiß maßgebend ist.

Bei *Kreuzschlagseilen*, bei denen ja die Außendrähte ziemlich stark gespannt sind, werden allerdings stärker im Querschnitt geschwächte oder durch Rostnarben angekerbte Drähte meist brechen. Anders liegt der Fall aber beim *Gleichschlag*, der von vornherein mehr zur Lockerung neigt. Wenn hier die Außendrähte rosten, dann wird durch deren Querschnittsverminderung die Lockerung des Litzenschlages immer stärker. Das Bild des Zerstörungsvorganges wird dann ähnlich, wie in Abschn. 8 bei der Beschreibung des Verschleißes geschildert wurde. Beim Arbeiten des Seiles reiben sich die gelockerten Außendrähte auf den darunterliegenden und bewirken so auch inneren Verschleiß. Außerdem kann von außen her ungehindert Wasser durch die lockere Außenlage eindringen, wodurch auch die Schmierung im Innern der Litzen ausgelaugt wird. Die inneren Drähte rosten ebenfalls, und es kommt zu einem Zusammenwirken von Rost und Verschleiß, was eine immer rascher fortschreitende Zerstörung des Seiles im Innern bewirkt. Die lockeren Außendrähte begünstigen also die innere Zerstörung. Da sie selbst aber nicht mehr gespannt sind, brechen sie auch nicht unbedingt. So kommt es vor, daß derartige innerlich stark geschwächten Seile plötzlich reißen, obwohl vorher keine oder nur wenige Drahtbrüche beobachtet wurden. Abb. 124 zeigt den Zustand eines Förderseiles in Gleichschlag, bei dem die Lockerung der Außenlage ohne weiteres zu erkennen ist. Abb. 125 gibt einen Außendraht aus dem gleichen Seil wieder, aus dessen Querschnittschwächung man leicht ersieht, daß diese Drähte ohnehin nicht mehr als tragend angesehen werden können. Abb. 126 zeigt den Zustand einer Litze nach Abwickeln der Außenlage, man erkennt, daß auch die hier sichtbaren Drähte der mittleren Lage bereits stark geschwächt sind. Bei der betriebsmäßigen Untersuchung von Förderseilen stellt man die Stärke der Lockerung am besten durch Abklopfen mit einem leichten Hammer fest. Bei Rundlitzenseilen macht sich die Lockerung auch durch eine übermäßige Abflachung der Litzen bemerkbar.

Will man sich von dem inneren Zustand eines Gleichschlagseiles, bei dem Rostgefahr besteht, überzeugen, so kann man stichprobenweise das Seil auf einer Länge von einigen Metern im entlasteten Zustand mit

Hebelschellen, wie sie für die Untersuchung der Einbandstücke verwendet werden, aufdrehen. Der Schlag lockert sich dabei so stark, daß man sowohl den Zustand der Außendrähte an den Berührungsstellen der Litzen als auch, durch die klaffenden Außendrähte, den Zustand der darunterliegenden Drahtlage feststellen kann.

Abb. 124. Durch Rostangriff stark gelockertes Förderseil

Bei Seilen, mit denen wenig gefahren wird, kommt es vor, daß sich der Rost zwischen den einzelnen Drähten vollkommen festsetzt, ein Lockern tritt also zunächst gar nicht ein. Erst wenn man eine Stelle

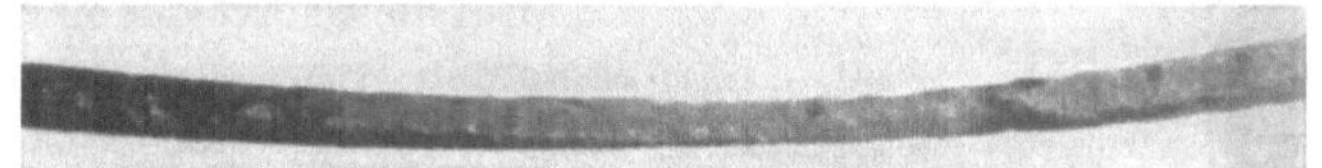

Abb. 125. Außendraht aus Seil Abb. 124

des Seiles mit einem Hammer bearbeitet, fällt der Rost ab und läßt den wahren Zustand erkennen. An einem Förderseil, das an einem stillgelegten Schacht auflag und auf den ersten Blick noch einen ganz

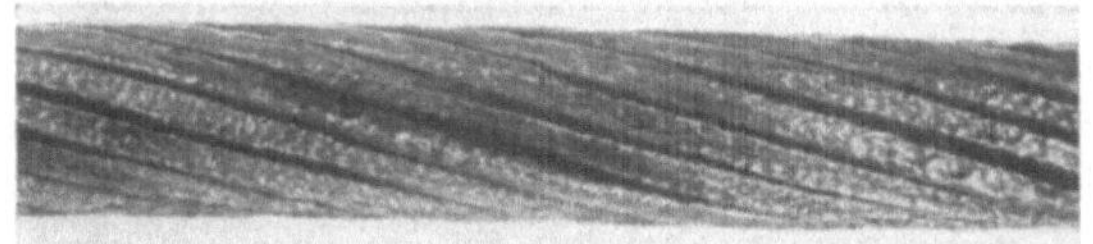

Abb. 126. Litze aus Seil Abb. 124 nach Abwickeln der Außenlage

guten Eindruck machte, waren beispielsweise die ursprünglich 3,0 mm dicken Drähte bis auf einen Durchmesser von 1,5 mm abgerostet.

Übrigens zeigt sich der innere Rostangriff auch bei den im vorigen Abschnitt beschriebenen magnetinduktiven Prüfverfahren. Wie schon erwähnt, werden bei starkem Rostangriff die Ausschläge im Schaubild sehr unregelmäßig. Ein Vergleich mit dem Verlauf auf einer nicht durch Rost geschwächten Strecke, beispielsweise bei Förderseilen über den Einbänden, erlaubt also auch in dieser Hinsicht gewisse Schlüsse. Aber gerade bei solchen Seilen ist die Beurteilung der Untersuchungsergebnisse außerordentlich schwierig.

Eine besondere Gefahr bedeutet der Rostangriff für die *Flachunterseile* von Schachtförderungen, wo er sich hauptsächlich im Innern an den Berührungsstellen der Litzen und Schenkel sowie an den Überkreuzungen der Nähdrähte mit den tragenden Litzen auswirkt. Beim Arbeiten des Seiles reiben sich hier die Drähte gegenseitig, und es entsteht wiederum eine Wechselwirkung von Rost und Verschleiß, wodurch die Drahtquerschnitte weitgehend geschwächt oder vollkommen aufgezehrt werden. Am meisten gefährdet sind erfahrungsgemäß die Strecken, die bei Endstellung der Schachtfahrzeuge die Seilbucht bilden, da diese in besonderem Maß der Feuchtigkeit ausgesetzt sind. Abb. 127 läßt den Zustand eines sehr stark verrosteten Seiles erkennen. Die herausstehenden Drahtbruchenden sind nadelartig zugespitzt, die Drähte sind also vollkommen durchgerostet.

Abb. 127. Stark verrostetes Flachunterseil

Bei dieser Art der Zerstörung kommen stets nur verhältnismäßig wenige Bruchenden an die Seiloberfläche, der größte Teil bleibt zwischen den Litzen und Schenkeln eingeklemmt, so daß bei einer oberflächlichen Besichtigung also der wahre Zustand nicht erkannt wird. Bei der Untersuchung muß man deshalb an den Stellen, die äußerlich etwas stärker verrostet erscheinen oder an denen einige zugespitzte Drahtbruchenden sichtbar sind, mit einem kräftigen Haken zwischen die Litzen und Schenkel fassen, um etwaige versteckte Drahtbruchenden an die Oberfläche zu ziehen. Die Ursache der meisten Unterseilbrüche, bei denen keine Zerstörung durch äußere Gewalteinwirkung vorliegt, ist eine solche Schwächung durch Rost und Verschleiß.

Aus den angezogenen Beispielen ist zu ersehen, daß die Prüfung und Beurteilung rostiger Seile eine ziemlich große Erfahrung erfordert, und daß dabei äußerste Vorsicht am Platz ist.

Die wirksamste Maßnahme zur Verhütung des Rostangriffs stellt eine gute *Verzinkung* oder unter Umständen eine *Verbleiung* der Drähte dar. Vor allem in stark angriffsfähiger Atmosphäre bilden diese metallischen Überzüge, auf die im übrigen bereits in Abschn. 4 über den Drahtwerkstoff näher eingegangen wurde, wohl das einzige erfolgreiche Mittel.

Bei Seilen, die unter weniger ungünstigen Bedingungen arbeiten, läßt sich ein weitgehender Rostschutz auch schon durch gutes *Schmieren* erreichen. Außerdem hat die Schmierung noch die Aufgabe, die innere und äußere Reibung des Seiles zu vermindern, sie ist deshalb oft sehr wesentlich für dessen Haltbarkeit.

Man unterscheidet die *Innen-* und die *Außenschmierung*. Die Innenschmierung erstreckt sich auf das Tränken der Faserseelen und das Schmieren der einzelnen Drahtlagen bereits bei der Herstellung des Seiles, wobei alle Hohlräume durch das Schmiermittel ausgefüllt werden. Eine Außenschmierung wird ebenfalls schon in der Seilerei nach Fertigstellen des Seiles aufgebracht. Im Lauf der Betriebszeit wird sie aber ausgewaschen, abgeschleudert und abgerieben. Natürlich wird auch das im Innern befindliche Schmiermittel teilweise verbraucht, was besonders bei Litzenseilen der Fall ist. Jedes Seil, das aus blanken Drähten besteht, muß deshalb in bestimmten Zeitabständen, die sich nach den örtlichen Verhältnissen richten, nachgeschmiert werden.

Bemerkenswert ist übrigens die gute Haltbarkeit der Innenschmierung bei verschlossenen Seilen, und zwar sowohl bei Trag- und Führungsseilen als auch bei Förderseilen. Durch den dichten Mantel, den die Formdrahtlagen bilden, wird ein Auslaugen und ein Herausdringen des Schmiermittels an die Seiloberfläche weitgehend verhindert, so daß solche Seile oft auch noch nach jahrelangem Betrieb im Innern einwandfrei geschmiert sind. Das Nachschmieren ist hier also sehr einfach, da nur die an der Oberfläche verlorengegangene Schmiere ersetzt werden muß.

Sowohl für die Tränkung der Faserseelen als auch für die Innen- und Außenschmierung nimmt man im allgemeinen ein *steifes wasser-* und *säurefreies Mineralfett*.

Flachunterseile von Schachtförderungen werden zweckmäßig, auch wenn sie aus verzinkten Drähten bestehen, mit einer guten Fettschmierung versehen. Vor allem auf den Endstrecken, die besonders starkem Rostangriff und innerem Verschleiß ausgesetzt sind, empfiehlt sich ein öfteres Nachschmieren. Durch das Fett wird auch der Zinküberzug der Drähte vor dem Abscheuern geschützt, wodurch die rostschützende Wirkung verstärkt wird.

Bei *Treibscheibenseilen*, insbesondere bei *Koepeförderseilen*, muß der Rostschutz auf einer anderen Grundlage erfolgen. Hier ist darauf zu achten, daß stets eine genügende Reibung zwischen Seil- und Treibscheibe gewährleistet ist, um ein Rutschen zu verhindern. Eine eigentliche Fettschmierung kann deshalb weder äußerlich noch im Innern angewandt werden, denn auch aus der Seilseele und aus dem Innern der Litzen würde das Fett an die Oberfläche dringen und eine starke *Rutschgefahr* bilden. Als Tränkungsmittel für die Seele verwendet man am besten einen *zähklebrigen Firnis*. Auch die einzelnen Drahtlagen sowie die Seiloberfläche können mit einer zähklebrigen *Koepeseil-*

schmiere überzogen werden, die jedoch nur in einer sehr dünnen Schicht aufgetragen werden darf. Andernfalls schiebt sie sich nach den Seilenden hin zusammen und wird abgeschleudert, oder es tritt trotzdem, vor allem im Sommer, wenn die Schmiere dünnflüssig wird, ein Rutschen des Seiles ein. Besser eignet sich Seillack, von dem mehrere gute Sorten im Handel erhältlich sind. Ein solcher Lack soll vor allem gut an den Drähten haften und einen zähen Überzug bilden. Gut bewährt für die Seilpflege haben sich auch dünnflüssige, rostlösende Mittel, die kolloidalen Graphit enthalten. Durch ihre Kriechfähigkeit dringen sie ins Innere der Litzen sowie in die Seele ein und sind so besonders geeignet, auch inneren Rostangriff zu verhindern. Derartige Mittel dürfen ebenfalls nur in einer sehr dünnen Schicht aufgetragen werden, weil sonst Rutschgefahr besteht.

Eine richtige Pflege soll schon einsetzen, ehe sich ein Rostansatz gebildet hat. Zu beachten ist, daß sowohl Schmiere als auch Lack und andere Seilpflegemittel auf das *gut gereinigte, trockene* Seil aufgetragen werden müssen, weil sonst der Überzug nicht fest haften kann. Das Lackieren von Koepeförderseilen wird zweckmäßig abschnittsweise vorgenommen, um die Gefahr eines Rutschens, die vor dem vollkommenen Trocknen des Lackes besteht, zu vermindern.

Für alle Seile, die stärkerer Rostgefahr ausgesetzt sind, ist auch wesentlich, daß keine Macharten mit zu dünnen Drähten gewählt werden, wie bereits in Abschn. 5 näher ausgeführt wurde.

Zu erwähnen ist noch, daß bei *Schiffsseilen*, die im allgemeinen aus verzinkten Drähten hergestellt sind, die Faserseelen vielfach mit *schwedischem Kienteer* getränkt werden, der frei von Säuren ist und einen guten Schutz gegen Seewasser bildet. Ein sonstiges Schmieren dieser Seile findet nicht statt.

Die inneren Drahtlagen von *Brückenseilen* werden mit einem Überzug von *Mennige* versehen, während man die Seile außen nach Fertigstellen der Brücke mit einem rostschützenden Anstrich versieht. Bei Tragseilsträngen schwerer Hängebrücken nach Art der Abb. 27 und 28 werden die auf der oberen Seite liegenden Rillen zwischen den Seilen mit Asphalt ausgegossen, um ein Stehenbleiben des Wassers und damit das Entstehen von Korrosion zu verhindern.

Literaturverzeichnis

[*1*] Benoit, G.: Die Drahtseilfrage. Karlsruhe und Leipzig: Friedrich Gutsch 1915.

[*2*] Czitary, E.: Seilschwebebahnen, S. 26/31. Wien: Springer 1951.

[*3*] Czitary, E.: Seilschwebebahnen, S. 108. Wien: Springer 1951.

[*4*] Fritzsche, C. H.: Bergbaukunde, Band I, Neunte Auflage, S. 336/37. Berlin-Göttingen-Heidelberg: Springer 1955.

[5] FROGER, H.: Procédé pour redresser un câble rond ordinaire bouclé. Revue de l'Industrie Minérale (1950) S. 33/36.

[6] GRUPE, H.: Die elektromagnetische Prüfeinrichtung für Förderseile der Seilprüfstelle Bochum und ihre Anwendung. Glückauf Bd. 93 (1957) S. 1168/71.

[7] HEILMANN, W.: Über Hanfseil-Futtereinlagen in Seilscheiben des elsässischen Kalibergbaus. Kali (1945) S. 22/26.

[8] HERBST, H.: Formänderungen an Förderseilen. Glückauf Bd. 56 (1920) S. 269/75.

[9] HERBST, H.: Ein Beitrag zur Frage der Sicherheitszahlen für Förderseile. Glückauf Bd. 60 (1924) S. 323/29.

[10] HERBST, H.: Zur Bewertung von Drahtbrüchen für die Sicherheit von Förderseilen. Bergbau Bd. 47 (1934) S. 215/20.

[11] HERBST, H.: Bedeutung und Ursachen innerer Drahtbrüche bei Draht-, im besonderen Förderseilen. Glückauf Bd. 74 (1938) S. 849/56 und 878/84.

[12] HERBST, H., W. BERKE und H. SCHÜSSLER: Untersuchungen an Treibscheiben mit besonderer Reibkraft. Berichte der Versuchsgrubengesellschaft, Heft 6. Gelsenkirchen: Carl Bertenburg 1935.

[13] HOGAN, M. A.: Some Notes on the Capping of Winding- and Haulage-Ropes. Trans. Instn. Min. Engrs. Vol. 94 (1937/38) S. 475/501.

[14] LANGE, F.: Wege zur Vierseilförderung. Glückauf Bd. 81/84 (1948) S. 103/13.

[15] LANGE, F.: Die Vierseilförderung. Essen: Verlag Glückauf 1952.

[16] MCCLELLAND, A. E.: Proceedings of the Conference „Wire Ropes in Mines". Paper Nr. 13. London: The Institution of Mining and Metallurgy 1951.

[17] MEEBOLD, R.: Das Vermeiden des schädlichen Verschleißes von Trommelförderseilen. Bergbau vereinigt mit Kohle u. Erz. Bd. 56 (1943) S. 41/44.

[18] REGENSBURGER, J.: Der Langspleiß an Drahtseilen unter besonderer Berücksichtigung praktischer Arbeitshinweise. Deutsche Seiler-Zeitung 77, 10. Jahrg. (1958) S. 417/19 und 473/75.

[19] WOERNLE, R.: Ein Beitrag zur Klärung der Drahtseilfrage. Z. VDI. Bd. 73 (1929) S. 417/26.

[20] WYSS, TH.: Einfluß der sekundären Biegung und der inneren Pressungen auf die Lebensdauer von Stahldraht-Litzenseilen mit Hanfseele. Schweiz. Bauztg. (1949) H. 14, 15 und 16.

[21] WYSS, TH.: Die Stahldrahtseile der Transport- und Förderanlagen, insbesondere der Standseil- und Schwebebahnen, S. 238/48. Zürich: Schweizer Druck- und Verlagshaus 1956.

[22] Verwaltungsbericht der Westfälischen Berggewerkschaftskasse zu Bochum 1929/30.

[23] Mitteilungen aus der Seilprüfstelle der Westfälischen Berggewerkschaftskasse, Bochum 1933/34.

Sachverzeichnis

721/65/58 — III/18/203